大豆提质增效营养富硒技术研究与应用

主　编　钱　华　鹿文成　姜　宇

副主编　付亚书　李馨宇

哈爾濱工程大學出版社

Harbin Engineering University Press

内容简介

本书以功能农业及大豆提质增效为中心，系统阐述了功能农业及富硒大豆种植的基本知识和操作规程，同时创新地总结出一系列大豆增产、抗逆抗病、抗倒伏、促早熟、改变品质、增加营养及富硒功能全程解决方案。本书以大豆提质增效营养富硒技术为核心，以黑土培肥、有机替代、化肥和农药减施、外源调优促早熟等技术为辅助，形成一整套新技术模式。本书的特点在于融合了土壤肥料、耕作栽培、植物保护、植物营养等多学科相关知识，并吸收了常规种植模式的基础理论，使大豆提质增效、营养富硒特色与黑土和环境保护有机结合，实用性很强。

本书适用于相关研究人员及大豆种植者参考阅读，为大豆增产增收、提质增效提供基础资料，也可为相关企业的多方向发展提供借鉴。

图书在版编目(CIP)数据

大豆提质增效营养富硒技术研究与应用/钱华，鹿文成，姜宇主编.—哈尔滨：哈尔滨工程大学出版社，2022.1

ISBN 978-7-5661-3383-0

Ⅰ.①大… Ⅱ.①钱… ②鹿… ③姜… Ⅲ.①大豆-栽培技术-研究 Ⅳ.①S565.1

中国版本图书馆CIP数据核字(2021)第281365号

大豆提质增效营养富硒技术研究与应用
DADOU TIZHI ZENGXIAO YINGYANG FUXI JISHU YANJIU YU YINGYONG

选题策划 薛 力 张志雯
责任编辑 张 彦 秦 悦
封面设计 李海波

出版发行 哈尔滨工程大学出版社
社　　址 哈尔滨市南岗区南通大街145号
邮政编码 150001
发行电话 0451-82519328
传　　真 0451-82519699
经　　销 新华书店
印　　刷 哈尔滨午阳印刷有限公司
开　　本 787 mm×1 092 mm 1/16
印　　张 8.5
字　　数 196千字
版　　次 2022年1月第1版
印　　次 2022年1月第1次印刷
定　　价 68.00元
http://www.hrbeupress.com
E-mail:heupress@hrbeu.edu.cn

编 委 会

主　　编　钱　华　鹿文成　姜　宇

副 主 编　付亚书　李馨宇

参编人员　蔡鑫鑫　米　刚　周　鑫　刘显元　高路斯

李金良　苗　亿　刘鑫磊　王金星　曲梦楠

王雪扬　赵　杨　王家有　贺　强　崔　潇

王伟平　张艳平　郑子军　王兴涛　黄元炬

迟静远　王春鹏　陈松鹏　徐林贵　刘维君

冷　玲

前言

当前农业处在一个飞速发展的时代，而农业作为国家的压舱石每年都会出现在中央的一号文件中，在众多作物中大豆政策的变化又牵动着每一个农业种植者、消费者、经营者的心，因此着眼于未来大豆发展在哪里？出路又在哪里？高附加值、高营养、高质量的大豆就成为当前农业种植和发展的方向。恰逢“十四五”开局，将这本还不成熟的《大豆提质增效营养富硒技术研究与应用》奉献给大家。

富硒农业是一个新兴产业，本书编写过程中更多地借鉴了前人的成果及思路，将耕地保护与富硒技术应用合理地结合，在多年的种植中利用这种技术可以达到培肥地力、提升大豆品质、增强抗逆性、提高籽粒硒的含量，是一项不可多得的操作规程。

本书主要介绍富硒农业和大豆富硒操作规程。全书由八章组成。第一章为富硒农业概述，由钱华、李馨宇、蔡鑫鑫完成；第二章为国内外富硒农业发展概况，由钱华、姜宇、蔡鑫鑫、李馨宇完成；第三章为富硒大豆的研究进展，由米刚、周鑫、刘显元、付亚书完成；第四章为黑龙江省土壤富硒分布与富硒大豆研究，由钱华、米刚、李馨宇、蔡鑫鑫、鹿文成、高路斯、李金良、苗亿、刘鑫磊、王金星、曲梦楠、王雪扬、赵杨、王家有完成；第五章为黑龙江省富硒大豆栽培技术规程，由周鑫、米刚完成；第六章为大豆富硒技术应用，由刘显元、周鑫、米刚完成；第七章为富硒政策与市场，由周鑫、蔡鑫鑫、李馨宇、贺强、崔潇、王伟平、张艳平、郑子军、王兴涛完成；第八章为前景展望，由李馨宇、周鑫、蔡鑫鑫完成。

大豆富硒技术的应用既提升了黑龙江省北部地区大豆产品竞争优势，也为大豆产区发展提供了拓展方向，既为将来大豆富硒产业链条的形成奠定了理论基础，也为富硒大豆技术升级转化提供了一个借鉴的平台。

本书的出版让当前研究者、经营者、种植者更多了解富硒农业的未来发展之路，也为更多敢于创新、勇于探索的新农人提供一个借鉴之路。本书的编写借鉴了很多富硒农业的资料，在此表示衷心的感谢！书中难免会有疏漏与错误之处，也望读者多提宝贵意见。

编　者

目录

第一章　富硒农业概述

第一节　富硒农业意义

一、硒的概述

硒(selenium,Se),是一种非金属元素,原子序数为34,位于元素周期表中第四周期,第Ⅵ主族,与硫同族,二者具有相似的物理、化学性质。硒也是一种稀有分散元素,在地壳中含量极少但分布广泛,能直接与各种金属和非金属反应,可与氧、硫、碲等构成多种有机或无机的硒化合物。

1817年,瑞典科学家贝采利乌斯(Berzelius)发现了硒,在发现的初期,其一直被作为一种对人和动物健康有害的元素来研究;直到1957年,Schwarz和Foltz发现硒是阻止大鼠食饵性肝坏死的一种保护因子,自此硒的生物学功能才被初步认识;1973年,Rotruck等发现硒是谷胱甘肽过氧化物酶(GSH-Px)活性中心的必需组成部分;同年,世界卫生组织(WHO)宣布硒是人和动物必需的微量营养元素;1988年,中国营养学会也将硒列为人体必需的微量营养元素。

1988年,我国营养学会修订的"每日膳食中营养素供给量"将硒列入每日膳食营养素之一。近年来,随着分子生物学、免疫学和营养学的发展,硒的营养作用越来越受到人们的关注。目前研究已证实,硒是构成哺乳动物体内30多种含硒蛋白质与含硒酶(如谷胱甘肽过氧化物酶、硫氧还原蛋白酶和碘化甲腺原氨酸脱碘酶等)的重要组成成分,具有抗氧化、抗癌、提高机体免疫力等多种生物学功能。

硒与人体健康息息相关,人体缺硒容易导致未老先衰、精神不振、精子活力下降,严重缺硒时会引发心肌病、心肌衰竭、克山病和大骨节病等。全世界范围内大约有10亿人缺硒,而我国也是世界上严重缺硒的国家之一。在我国版图上,存在一条从东北到西南走向的低硒带,全国有5亿~6亿人口因膳食结构中硒含量不足,造成人体低硒状态。硒不能由机体自身产生,必须从外界摄取。

(一)硒在自然界的分布

地球上的硒分布广泛而极不均匀,全世界有2/3的地区缺硒,我国缺硒地区超过国土面积的2/3,其中1/3为世界公认的严重缺硒区。但我国的湖北恩施和陕西紫阳为世界高硒区,有报道称湖南隆回的硒含量也相当高,可能是世界上又一高硒区。世界范围内高硒区表土平均含硒量爱尔兰为30 μg/g、中国(恩施)为25.57 μg/g、美国为4.5 μg/g、英国为3.1 μg/g;一般地区全世界为0.11 ~0.63 μg/g,中国为0.175 ~0.400 μg/g;低硒区中国的大部分地区 <0.125 μg/g。

硒在地壳中分布广泛但相当稀少,丰度在0.05 ~0.09 μg/g,排在化学元素丰度的第70位。硒在土壤中分布极不均匀,具有明显的地带性差异。自然土壤中的硒主要来自风化的岩石或流经风化岩石的水层,也可以降雨的形式来自大气层。

硒在土壤中主要以四种价态存在,按形态主要分为元素态硒、硒化物、有机态硒、亚硒酸盐和硒酸盐。元素态硒是土壤微生物还原亚硒酸盐或硒酸盐的产物,其在土壤中含量极小,一定条件下可在水、氧化剂及微生物作用下重新转换为有效性强的硒酸盐和亚硒酸盐;硒化物主要存在于透气性差的强酸性土壤中,大多难溶于水;有机态硒主要由土壤含硒生物体腐烂分解形成,是土壤有效硒的重要组成部分;亚硒酸盐和硒酸盐是土壤中硒的主要存在形态,亚硒酸盐和硒酸盐均是水溶性的,在酸性土壤和还原条件下,亚硒酸盐是主要存在形态,在碱性土壤和氧化环境中,硒酸盐是主要存在形态。

国际上,以硒研究为主题的学术性会议有两个:"硒与生物学和医学国际研讨会"和"硒与环境和人体健康国际研讨会"。2017年8月13—17日,在硒元素发现200周年之际,两个国际性会议首次联合召开,"第11届硒与生物学和医学国际研讨会"暨"第5届国际硒与环境和人体健康会议"(The 11th International Symposium on Selenium in Biology and Medicine and the 5th International Conference on Selenium in the Environment and Human Health)。会议地点选择在硒的发现地瑞典斯德哥尔摩。来自中国、英国、美国、法国、瑞典、澳大利亚、加拿大等41个国家的330多名硒研究者,以大会报告、分会报告和墙报等形式展示了200多份研究成果,涉及生物学、医学、环境和人体健康等多个领域。

(二)硒的存在形式

硒在自然界中按其结合形态可以分为无机硒和有机硒。无机硒主要有单质硒、硒化物、亚硒酸盐、硒酸盐等;有机硒中硒直接与碳成键,如在生物体内,有机硒主要以硒蛋白、硒多肽、硒多糖和硒核酸等生物大分子形式存在。硒在生物体内的存在形式主要是硒氨基酸,在动物体内主要有两种硒氨基酸,硒代半胱氨酸(SeCys)和硒代蛋氨酸(SeMet);在植物体内相对比较复杂,除了上述两种硒氨基酸外,还以含硒氨基酸衍生物的形式存在。

硒在蛋白质中以两种形式存在,一种为非共价结合,这种形式中硒存在于白蛋白、球蛋白、脂蛋白、血红蛋白、肌球蛋白和核蛋白等蛋白质中,这种结合是非特异的,并随时间而有动态变化;另一种为共价结合,这种形式中硒以SeCys和SeMet的形式存在。含SeCys的硒蛋白是哺乳动物体内最主要的含硒蛋白质,动物体中约有80%的硒是以这种形式存在的,而且已确定,硒蛋白中硒掺入到蛋白质分子是通过硒-半胱氨酸-RNA识别mRNA中特异的UGA密码子将SeCys插入的。而SeMet进入蛋白质是随机插入的,即由SeMet随机替代Met而掺入到蛋白质分子中。目前一般把以SeCys形式掺入到多肽链的蛋白质称为硒蛋白(selenoprotein),而把其他结合形式的蛋白质统称为含硒蛋白(Se-containing protein)。有时为表述方便也把一些含硒蛋白称为硒蛋白。

Rosenfeld和Beath根据植物对硒的吸收功能不同将其分为三类:原生硒积聚植物、次生硒积聚植物和非蓄硒植物。对硒积聚植物而言，硒可能作为含硫氨基酸代谢中间产物类似物存在，如硒代胱硫醚和甲基 SeCys，而硒蛋白和硒多糖很少；对于非蓄硒植物来说，硒则主要以蛋白质和硒代氨基酸的形式存在，且硒大部分为 SeMet 形式。大蒜、洋葱、绿洋葱、细香葱等葱属植物中的硒代氨基酸主要为 MeSeCys，也有少量的 $SeCys_2$ 和 SeMet 存在，利用 ESI－MS－MS 也检测到了 γ－Glu－MeSeCys 的存在。硒多糖在自然界，尤其是在植物中的存在已经得到证实，硒以两种可能形式存在：－SeH 和 $R_1-O-Se-O-R_2$。从植物中提取的硒多糖，如大蒜硒多糖、箬叶硒多糖等，现已对其结构和功能进行了研究。

（三）植物中的硒含量及分布

植物对硒的吸收是一个主动过程，土壤中的硒是植物体内硒的主要来源。根据植物对硒的吸收能力，可以分为硒积聚植物和硒非积聚植物两大类。原生硒积聚植物，如黄芪属植物，含硒量常超过 1 000 mg/kg；次生硒积聚植物，如紫菀属植物，每克含硒量很少超过几百微克。许多杂草和大部分农作物含硒量不超过 30 mg/kg。其中十字花科对硒的积聚能力最强，其次是豆科，谷类最低。谷类中，小麦对硒的积聚最多。20 世纪 60 年代以来，美国、澳大利亚、新西兰、瑞典、挪威等国家都陆续报道了一些地区饲料、牧草中的硒含量及其对动物健康的影响，我国在 80 年代也开展了类似的工作。植物对硒的吸收是一个主动的过程，但是土壤条件不同，硒的存在状态不同，植物对硒的吸收也有差异。在酸性土壤中，硒常以难溶解的碱式亚硒酸铁存在，不易被植物吸收利用；在碱性土壤中，硒可氧化成硒酸根离子而溶于水，容易被植物吸收利用。至今没有实验证明硒是植物必需的矿质元素，但是很多实验说明，硒对于硒积聚植物的生长是非常重要的。

根据 Sitta 的研究，按植物的种属不同将植物对硒的积累分为三类：

（1）高含量硒累积型植物，这类植物大多为多年生，深根植物，主要有金鸡菊属、黄芪属、长药芥属中的某些种，它们只能生长在富硒地区，体内的硒含量可达每千克数千毫克，牲畜食后会发生眩晕症或急性硒中毒，这些植物体中的硒绝大部分以无机硒形态存在，可以作为硒毒区的指示植物。

（2）亚含量硒累积型植物，主要包括扁萼花属、紫菀属和滨藜属，这些植物通常生长在硒有效性较高的土壤上，体内硒大部分以无机态存在，少部分为有机硒。

（3）非硒累积型植物，大多为食用植物、杂草和禾本科植物，硒含量低于 30 mg/kg，这类植物中的硒主要与蛋白质结合，以有机态形式存在。

食用植物和粮食作物中硒含量通常在 0.01～1.00 mg/kg，此范围内的硒含量对人体和动物是安全无毒的。

（四）土壤中硒的来源

1. 富硒成上母岩

土壤中高含量硒主要来源于煤层和高含硒量的岩石中。高含硒量的岩石主要有泥岩、石灰性紫泥岩、石英砂岩、泥质灰岩、灰岩、石灰性紫砂岩、硅质岩、非石灰性紫砂岩、中深变质岩、中酸性火山岩和浅变质岩等。

2. 大气沉降

研究表明，土壤中硒的其他来源还包括火山爆发时产生的灰尘、熔浆和煤油燃烧过程中产生的烟等，这些物质都可以向大气层排放硒，进入大气层的硒再经一系列的沉降过程，最终进入土壤。

3. 土壤硒赋存状态

土壤硒赋存状态主要有亚硒酸盐、硒酸盐、有机硒、元素态硒和重金属硒等形态。

天然富硒土壤中的硒主要是以亚硒酸盐形态存在，生长于天然富硒土壤上的植物可以直接对其吸收利用。但是，天然富硒土壤中黏性较大的黏粒和某些氧化物（如铁、铝氧化物）容易吸附亚硒酸盐，致使其有效度被降低。

在通气良好的碱性土壤中，硒主要以硒酸盐形态存在。硒酸盐被植物的吸收利用效果最好。

土壤中有机态硒主要包括富里酸结合态硒和胡敏酸结合态硒两种。Sele 等认为，在缺硒土壤中，胡敏酸结合态硒含量较高，而在富硒土壤中，则以富里酸结合态硒为主。

植物很难吸收利用天然富硒土壤中的单体硒。但是，单体硒在适宜的环境下可通过一系列化学反应或水解作用转化成无机态硒或可溶态硒，然后再被植物吸收利用。

（五）影响土壤－植物体系中硒有效性的因素

植物中硒的积累受土壤有效硒的关键控制，这在很大程度上依赖于农业土壤中硒的形态，而土壤理化性质（如 pH、有机质和铁铝氧化物等）又会影响土壤中硒的形态。

1. pH 和碳酸钙

与其他土壤性质相比，pH 对硒的形态和生物有效性具有重要的调控作用。在酸性土壤中，硒主要以移动性弱的硒（+4 价）形式存在，易被铁铝氧化物吸附或与有机质发生络合反应；在中性或偏碱性土壤中，氢氧化物和黏土矿物表面的正电荷减少，降低了其对硒的吸附，硒主要以易于被植物吸收的硒（+6 价）形式存在。因此，碱性土壤中硒的有效性高于酸性土壤。闫加力等也通过对收集的湖北省土壤样品进行了聚类分析，发现土壤中有效硒与土壤交换性离子聚为一类，且互相之间呈显著正相关（$P<0.01$），由此也间接证明了有效硒含量与 pH 之间呈正相关。Mandalet 等通过研究发现，在高 pH 土壤环境中，氧化物和有机质所带的正电荷减少，OH^- 增多，其与 SeO_2 产生竞争吸附而导致硒的吸附量下降，从而提高了土壤硒生物有效性。Jordan 等也得出在酸性环境下，锐钛矿对 SeO_2 吸附量最大，且随着 pH 的升高，硒的吸附量是下降的。张立等通过对黑龙江省绥化市水稻硒含量、土壤有效硒和土壤 pH 进行相关性分析，发现三者间均呈显著正相关（$P<0.01$）。Liu 等通过对陕西主要麦区碱性土壤中硒的有效性进行研究，得到该地区土壤中有效硒含量占总硒含量的 11.1%，明显高于成都平原区酸性－中性土壤中的有效硒（3%）和天津蓟州区土壤中的有效硒（5.63%）。

2. 有机质

土壤有机质对土壤中硒的移动性和生物有效性具有双重效应，在调控硒有效性方面发挥着关键作用。土壤有机质具有吸附硒的作用，与硒结合形成螯合物，抑制植物对硒的吸收，从而降低了土壤硒的有效性。但许多学者通过研究也发现，土壤有机质与硒有效性间呈正相关，即随着有机质含量的增加，土壤硒有效性也相应提高。但由于受土壤类型和有机质含量的控制，这种相关性在一些研究中表现得并不明显。因此在硒生物强化实践中，调控土壤有机质含量进而提高土壤硒有效性，对提高当地的经济收益和保持作物的稳定生产来说都很有意义。

3. 铁铝氧化物

当土壤有机质含量很低时，土壤中的氢氧化物因具有较强的螯合能力和较大的比表面积，被认为是影响硒吸附过程的主要因素。Li 等通过对我国 18 种类型土壤的研究，发现土壤中铁铝氧化物对硒（+4 价）的吸附有重要作用，并与吸附量呈正相关。土壤中铁的氧化物和氢氧化物是 SeO_4^{2-} 的重要吸附剂，会形成难溶的复合体存在于土壤中，导致了土壤中硒有效性的降低。土壤 pH 也会影响铁铝氧化物对硒有效性的作用。较低的土壤 pH 有助于铁铝氧化物表面产生更多的正电荷，从而提高对硒的吸附能力。随着 pH 的升高，OH^- 在增加，而 SeO_3^{2-}、SeO_4^{2-} 与 OH^- 均属于阴离子团，因此 OH^- 会竞争金属氧化物的吸附位点。朱青发现，在土壤呈弱酸性－中性的潮湿环境中，SeO_3^{2-} 向 SeO_3 的转化速度会加快，转化后的 SeO_3 易被氧化物和黏土矿物吸附，不易被植物吸收，从而导致土壤中硒的累积。

4. 黏粒

土壤生物有效硒含量通常与黏粒含量呈负相关。黏粒因其自身带正电荷，能够吸附土壤中硒含氧阴离子，从而导致土壤有效硒含量下降，植物从土壤中吸收硒的量减少，进而导致硒的生物有效性降低。此外，黏粒粒度对硒的吸附和固定也发挥重要作用。Eich 通过研究发现，作物在砂土中吸收的硒含量高于泥质土壤。Xuet 研究发现，当土壤粒径大于 1 mm 时，土壤颗粒对硒的不产生固持作用，而当其粒径小于 0.02 mm 时，会增加黏粒对土壤硒的吸附量，从而减少土壤中有效硒的含量。土壤细颗粒通常比粗颗粒具有更大的交换容量和更强的吸附能力，导致黏土中硒的固持能力更高。

（六）硒与植物和土壤的关系

硒是动物所必需的营养元素已被证实，硒是否为植物营养所必需元素仍是一个有待探讨的问题。硒是否是植物体内的一种必需微量元素尚无确切定论，但在植物体内也发现了与动物相类似的 GSH－Px，Se 构成 GSH－Px 活性中心的组成部分并参与其催化反应。研究表明，适当浓度的 Se 具有提高种子活力、促进生长、抗氧化、促进光合作用、增产及提高产品质量等效应。胡秋辉等研究发现硒对提高茶叶品质有促进作用，例如在陕西大骨节病病区对土壤施硒可以提高谷子产量，在东北病区对玉米、小麦、大豆等作物喷硒试验，均得到增产效果。

1. 富硒食品的研究进展

我国和世界大部分地区的人们都处于硒严重缺乏状态，所以人们采用多种方法来增加硒的摄入量。澳大利亚和新西兰两国已经认可生产富硒运动食品。该种食品能帮助运动员达到最佳运动状态，由亚硒酸钠、SeMet 和高硒酵母（主要含 SeMet）组成。在日本和其他某些亚洲国家市场上,也出现了高硒食品。硒缺乏在国内外广泛存在并被充分认识,我国部分地区、新西兰、芬兰等国家已经通过食物链的方法对作物叶面或土壤施肥来提高作物的含硒量,从而达到满足人体和动物硒营养需求的目的。目前,在一些流行地方病的缺硒地区,通过食用硒盐来弥补硒缺乏,收到了很好的效果。另外,硒药也被广泛采用,已经有亚硒酸钠片、硒酵母片等用于临床。

(1)利用作物富硒

在农业生产中,施用硒肥(包括土壤施硒和叶面施硒)是提高农产品含硒量、增加缺硒地区居民饮食结构中硒摄入量的有效措施。芬兰采取土壤施硒的方法,有效地提高了小麦含硒量,使居民日常饮食的硒摄入量由 39 μg/d 提高到 92 μg/d,我国从 20 世纪 80 年代开始进行富硒农产品相关研究,并取得了较大进展,为富硒农产品生产技术提供了理论依据。美国国家癌症研究所指出,世界上凡是食物中含硒较高地区,胃癌、肺癌、肝癌、食道癌及结肠癌等发病率均很低,并认为适量硒摄入能防止癌症的发生。

(2)富硒动物产品

我国西北农业大学王秋芳等研究,用含硒的添加剂饲料喂饲蛋鸡,所产蛋中硒含量显著高于对照组。陈忠法等通过在蛋鸡口粮中添加不同剂量的富硒酵母进行富硒鸡蛋生产试验,探讨了蛋鸡口粮中添加富硒酵母对鸡蛋中硒和维生素 E 含量的影响。吴敦虎等在奶牛饲料中添加硒-氨基酸,通过生物转化生产富硒牛奶,对奶牛的血硒水平进行研究,结果显示对照组奶牛的血硒水平低于富硒奶牛的血硒水平,二者有显著差异($P<0.01$),并且随着血硒含量的提高,奶牛发病率降低,机体免疫力增强,产奶量增加。恩施地区利用天然的硒资源建立畜牧业基地发展山羊、绵羊和黄牛,丰盛的青绿饲料也为生猪生产创造了良好的条件,上述畜牧基地亦是富硒畜禽产品生产的天然基地。

(3)富硒微生物

国内外对富硒微生物的研究都比较深入,技术也比较成熟。富硒酵母是利用微生物转化法生产的一种含硒量高的生物硒制剂,在国外已实现工业化生产并进入食用阶段。酵母菌在培养过程中不断加入可溶于水的无毒硒盐,其因具有高度的富硒及将无机硒转化为有机硒的能力,经过培养便可得到富硒酵母。熊泽等以金针菇 SD01 为出发菌株,制备原生质体,经紫外诱变原生质体,筛选诱变株,最后得到具有稳定遗传性的富硒金针菇菌株 SD6。SD6 经摇瓶培养和栽培后,子实体中的硒含量可达 41.26 μg/g。赵雪梅研究发现富硒平菇中硒主要以硒蛋白的形式存在,在富硒平菇中存在多种含硒蛋白,而且此类平菇中人体必需氨基酸含量比普通平菇高。黄敏文等以香菇为载体,通过在培养基中加入一定浓度的复合硒溶液进行富硒栽培,获得了富硒香菇,并成功提取出香菇硒多糖。

2. 富硒食品的发展方向和相关标准

加强富硒食品的研究和开发,在现有基础上研究适合不同地区、不同人群的富硒食品,生产出方便、经济和易为人们接受的富硒食品将是今后富硒食品研究的方向。富硒食品的主要研究内容有不同加工方法对硒含量的影响,以及能被人体最大限度吸收利用的硒形态与食品的关系，改进富硒食品生产工艺流程，促进硒食品的规模化生产等。目前富硒食品的生产尚属小范围小规模阶段，还没有与之相适应的现代富硒生产工艺流程，因此，人们应针对这种情况，研究提出新的生产工艺流程。市场上富硒食品已有不少品种，但面对占全国近 2/3 面积的缺硒地区的人群，富硒食品市场潜力仍然很大。此外，硒要与普通食品结合制成复合型食品，市场上不少富硒食品只做保健功能食品，应通过在普通食物中添硒在缺硒地区普遍推广。要把补硒与补充其他矿物质、维生素、纤维素等结合起来，使人们在膳食中得到充分、平衡、合理的营养。富硒食品研发还有很广阔的前景，在今后开发研制中尽量结合食品营养、食品工艺、生物技术、医学等各因素综合研制，其新的开发途径有待于人们进一步发现。

（七）植物对硒的吸收、转化和富集

1. 原土硒与植物硒含量

土壤总硒含量及水溶性硒含量与植物硒含量有显著的相关性。在某些区域，土壤总硒含量和玉米、小麦、水稻硒含量的相关系数为 0.814、0.733 和 0.724，而土壤水溶性硒含量和水稻、玉米、黄豆硒含量的相关系数达 0.996、0.995 和 0.995。利用它们的高度相关性，通过调控土壤硒含量，可以达到调节和提高作物硒含量，从而改善人和动物的硒营养缺乏现状，满足人和动物的硒营养水平要求。

2. 硒在植物体内的形态

环境中的无机硒经植物转化生成具有生物活性的有机硒，储存在植物体内。有机硒主要以可溶性蛋白形式存在。植物体内硒分布的研究表明，植物蛋白质中硒含量最高，如大米中水溶性硒蛋白占大米硒含量的 70%，大豆中水溶性硒蛋白占大豆硒含量的 75% 等。

3. 硒在植物体内的生理生化作用

硒是高等植物生长必需的营养元素。黄开勋等采用 75Se 示踪技术从大麦苗中检测到含硒转运核糖核酸的存在，并发现水培养基中对含硒转运核糖核酸中硒含量有影响，但当培养基中硒含量增加到一定的程度时，即出现饱和现象。吴永尧等将水稻用土培与水培相结合的方法补硒栽培，通过系列生理生化指标分析，证明了硒是水稻生长发育必需的微量元素。

（1）促进生物抗氧化作用

硒在动物和人体内最主要的生物学功能是作为 GSH－Px 的组成成分，参与体内氧化还原反应，清除脂质过氧化物等自由基，减少对生物膜等造成的机体过氧化损伤。在高等植物体代谢和环境胁迫的过程中也产生大量的游离自由基，这些自由基可被超氧化物歧化酶（SOD）、过氧化氢酶（CAT）等相应酶系统所清除，亦可被 GSH－Px 所清除。大量的研究和试验表明，硒可以通过参与非酶促系统和酶促系统（两种自由基的清除系统）来发挥其抗氧化作用。

(2)参与植物的新陈代谢

硒可以促进蛋白质的代谢。用75Se的溶液处理小麦和3种牧草,10 d后发现60% ~ 80%的硒与蛋白质功能有关,20% ~30%的硒与各种含硒氨基酸有关;对不同硒水平地区大豆组分的研究证明,大豆中42.6% ~62.6%的硒结合于水溶性蛋白上,大豆蛋白是主要富集硒的组分。由此可见,硒参与了植物中蛋白质的合成代谢。

(3)调控呼吸和光合作用的代谢

有研究发现,线粒体呼吸速率和叶绿体电子传递速率都与硒的存在与否及其含量有显著相关性,在一定范围内(<0.10 mg/L),硒增强了线粒体呼吸速率和叶绿体电子传递速率,而在较高浓度(≥1 mg/L)时则导致两种速率降低,这说明在植物体内硒可能参与了能量代谢过程。

(4)促进叶绿素合成代谢

施硒可以增加植物体内的叶绿素含量。殷丽琴认为,适宜的硒浓度可以提高湿害胁迫下油菜植株幼苗叶片的光合能力,提高其叶绿素含量。果秀敏认为,叶绿素的合成与体内原卟啉 - Ⅸ、Mg - 原卟啉酯有关,硒元素通过调节豆苗中卟啉的合成,进而影响叶绿素的合成。茶树经施硒处理后,叶绿素含量提高了近1倍,表明施硒后促进了茶树的生长代谢和光合特性,利于积累更多的干物质。王宁宁也认为,施硒加速了作物体内叶绿素的积累和其前体物质的有效合成。

硒在小麦上的试验结果表明,适当含量的亚硒酸钠可促进黄化小麦叶片转绿过程中叶绿素和其前体的积累,但物质的量浓度达到0.1 mmol/L开始出现抑制作用,如果和6 - BA同时施用,其增效作用更好。硒对油菜苗期叶片色素的含量有影响,随着硒含量(0 ~ 24 mg/kg)升高,叶绿素含量增加,二者呈线性关系,但耐受能力还有待进一步研究。不同硒含量(0 ~24 mg/kg)对胡萝卜素含量也有一定的影响,高含量硒处理后的胡萝卜素含量明显低于对照组,而低含量硒处理后的胡萝卜素含量却较高。可见,不同含量硒处理影响叶绿素含量,也影响油菜生长发育。硒对叶绿素的合成起调节作用,可能与它和含巯基的两个酶作用有关。

(5)硒对蛋白质代谢的影响

Munshi等研究表明,硒可以参与蛋白质的代谢过程,加速块茎中蛋白质的合成。硒的亩施用量达到0.37 g左右时,块茎蛋白质含量增加幅度较大,为6.7%,游离氨基酸的积累下降,其中苯丙氨酸含量降低了36.5%,降低幅度较大。其他一些游离氨基酸也呈下降的趋势。尚庆茂采用75Se溶液培养两种作物,培养数天后发现大多数的硒与蛋白质功能相关,与含硒相关的氨基酸的比例占1/5左右。

(6)硒对作物能量代谢的影响

汪志君等探讨了硒元素对大麦呼吸作用的影响机理。研究发现,低浓度的硒可使大麦的呼吸作用增强,当硒的质量浓度达到一定的数值(0.15 g/L)时,麦芽的呼吸作用达到峰值,但达到峰值的具体时间则没有显著的变化,质量浓度超过0.15 g/L时,呼吸作用受限。这可能是由于硒浓度过高时，会对植物组织细胞的结构（包括细胞膜等）造成不可逆的破坏，此作用一旦发生，便影响了其能量代谢过程，导致呼吸强度逐渐降低，甚至引起细胞的死亡。吴永尧认为，在硒的质量浓度小于等于100 μg/L时，呼吸和电子传递速率增加，当硒的质量浓度超过1 000 μg/L时，速率反而降低。这说明在一定的硒浓度范围内，硒参与了一定的能量代谢。

（7）硒对作物抗逆性的影响

一般情况下，当作物受到外界环境和其他因素的胁迫时，机体会产生较多的自由基。有研究表明，一定的硒浓度可以起到清除过量自由基的作用，在一定程度上保护细胞超微结构不受外界环境的损害。罗盛国等以“东农42”大豆为研究试验材料，研究硒对大豆连作胁迫的作用。试验表明，富硒提高了东北大豆对连作胁迫的抗逆性，使产量大幅度提高。张承东的水稻试验表明，硒减缓了除草剂对幼苗的伤害，也证明了硒有缓解百草枯药害的作用。说明硒元素在降低农业商品药害方面具有一定的潜力，对于农业生产具有重要的意义。

（8）硒对有毒元素的拮抗作用

硒对一些有毒元素有一定的拮抗作用，随着工业水平的不断提高和科学技术的持续发展，土壤中积累了大量不同来源的重金属元素。如被农作物吸收，会导致其产量下降、品质降低等诸多不良影响，并危害人类的身体健康。目前，我国有大量的耕地面积受到重金属元素的污染，占总耕地面积的比例在不断升高。每年因此损失粮食的数量都在不断增加。这些问题的出现，逐渐引起了人们的关注。陈怀满认为，重金属元素具有一定的生物毒性，进入人体后，会对人体造成一定的危害，目前已经成为一些地区的主要污染源。

（八）影响植物吸收硒的因素

1. 植物种类

不同类植物累积硒的能力不同，它们之间可相差8倍或者几十倍。根据植物对硒吸收能力的大小，可分为硒积聚植物和硒非积聚植物两大类，硒积聚植物常被称为“硒指示植物”。大部分农作物类和许多杂草是硒积聚植物，但是含硒量不会超过30 mg/kg，其中十字花科植物对硒的积聚能力最强，其次为豆科，谷类最低，而谷类中小麦对硒的积聚最多。

2. 植物生长介质中硒的形态

土壤中不同形态的硒，影响植物对其吸收。水溶态硒和交换态硒（亚硒酸盐、硒酸盐及元素硒等）能被植物吸收而成为有效态硒，这种硒含量占土壤总硒量4%左右。

植物对亚硒酸盐的吸收不需要能量，但Se^{4+}在近中性至酸性土壤中，易与铁形成水溶性很低的氧化物或水合氧化物而被固定。随着土壤酸性增大，黏粒成分增加，硒越难被植物吸收，植物吸收硒酸盐需要能量。但若在碱性土壤中，硒很少被铁的氧化物固定，可溶性好，易被植物吸收。元素硒虽然可被植物吸收利用但有效性很小；以Se^{2+}结合的有机硒，结合于富里酸的硒对植物是有效的，而结合于胡敏酸的硒则不能被植物吸收利用。

3. 植物的富硒能力差异

植物富硒能力因植物种类的不同而有很大差异。根据在组织中积累硒的能力，植物可分为三种类型，即高硒累积型植物（>1 000 mg/kg DW）、亚硒累积型植物（100~1 000 mg/kg DW）和非硒累积型植物（<100 mg/kg DW）。在同一环境下生长时，植物地上部分硒的累积趋势依次为：高硒累积型植物>亚硒累积型植物>非硒累积型植物。高硒累积型植物生长在富硒地区的土壤上，它们具有 SeCys 和 SeMet 的甲基化形式，赋予这些植物硒耐受性，并且可以作为二甲基二硒化合物（DMDSe）进一步蒸发。通过硒耐受机制的进化，高硒累积型植物将硒隔离在表皮中，使过量的硒远离敏感的代谢过程，从而防止硒中毒。高硒累积型植物主要有黄芪属、长药芥属、金鸡菊属、剑莎草属中的一些植物。亚硒累积型植物通常生长在硒有效性较高的土壤上，主要有紫菀属、滨藜属、扁萼花属和黏胶葡属中的一些植物。非硒累积型植物富集硒的能力较弱，如果生长在高硒土壤上会生长迟缓，甚至无法存活，包括大多数食用植物和部分杂草及禾本科植物。在食用植物中，富硒能力的大致趋势是油料作物>豆类>粮食>蔬菜>水果。许多研究表明，十字花科、百合科和豆科植物富硒能力大于菊科、禾本科和伞形花科。通常的谷类作物富硒能力依次为：小麦>水稻>玉米>大麦>燕麦。

4. 土壤中竞争离子的存在

土壤中竞争离子的存在，影响植物对硒的吸收，尤其是磷离子和硫离子对其影响最大。磷促进植物对硒的吸收一般归结为两个原因：一是磷酸根离子和亚硒酸根离子在土壤上竞争吸附时，磷取代了硒的吸附位置，导致土壤硒的释放，最终促进植物对硒的吸收；二是磷促使植物生长繁茂，根系生长旺盛，根系增大有利于包括硒离子在内的养分离子的吸收。关于施用硒、硫对烟草中磷的吸收和积累的影响研究发现，硒与磷作用的性质不仅与硒的浓度高低有关，还与烟草生育期、生长器官及硒、硫相互作用有关：高硒降低了前期烟草全株磷含量，而低硒则使其增加；成熟期烟叶不施硫时，施硒能增加烟叶磷含量，施硫时，硒则降低了烟叶磷含量。植物不仅可以通过根系吸收硒，叶对硒也有吸收作用。试验证明，在缺硒和低硒土壤上栽培作物，通过土施、叶面喷施硒肥和浸（拌）种都是增加作物硒营养，提高其硒含量的有效措施。

5. 施硒肥的影响

有研究表明，谷子播种前用 75 g/hm^2、150 g/hm^2、225 g/hm^2、300 g/hm^2 亚硒酸钠拌种，结果显示收获谷子籽粒的含硒量与亚硒酸钠用量呈极显著的正相关。

叶面喷施硒肥可提高作物对硒的生物利用率。温州蜜柑定果期根际和根外追施硒肥，根外施硒每株用量仅 1~2 g，果肉含硒量可比对照组增加 43.6%~369.2%，而根际施硒每株亚硒酸钠 4 g，果肉含硒量仅比对照组增加 43.6%，且在硒肥用量相同的情况下，一次施硒的果肉含硒量明显低于分次施用，因此认为，采用分次喷施硒肥的使用方法更为经济有效。小麦抽穗期叶片喷施硒酸钠比在中耕时施用或作种子包衣或作颗粒处理时略为有效，施硒酸钠 10 g/hm^{2}时，小麦籽粒和小麦面粉内的硒浓度就可满足家畜和人类的一般健康需要。对苹果树分别采取土壤表面施硒、叶面施硒、土壤深层施硒，三种处理方法中叶面喷施对苹果含硒量增加更显著。

（九）硒对植物生理营养

1. 硒对植物生长的影响

植物的生长和硒浓度的高低有很大的关系，适量或较低水平的硒确能够促进植物生长发育，反之高浓度硒则抑制植物生长。有研究表明，水培小白菜时，营养液中硒的质量浓度低于1.0 mg/L时，能够促进小白菜生长发育，当硒的质量浓度高于2.5 mg/L时，则小白菜生长受到抑制，产量降低。当施入硒的质量浓度为2.5 mg/L、5.0 mg/L和10.0 mg/L时，虽然番茄没有出现中毒症状，但是减少了在果实成熟过程中乙烯的释放量，从而延缓了叶片衰老和延迟果实成熟。刘湘元和张宏志在对荞麦用硒的质量浓度分别为0.00 mg/L、0.01 mg/L、0.05 mg/L、0.10 mg/L、0.50 mg/L、1.00 mg/L的硒酸钠溶液处理后发现，0.01 mg/L和0.05 mg/L硒酸钠溶液处理的植株高壮，白色新生根明显高于其他处理组，且倒伏状况较轻，而对照组的植株高度参差不齐，且植株矮小，白色新生根少，倒伏状况严重，因此适量浓度的硒能够促进荞麦生长发育。

冯两蕊、杜慧玲发现，叶面喷施不同浓度的硒溶液有助于提高生菜的产量，与对照组相比，各处理组产量均有不同程度的提高，喷硒的质量浓度为1 mg/L、2 mg/L、4 mg/L、8 mg/L的植株，其增产幅度分别为18.8%、22.9%、29.2%、19.0%，随着喷硒浓度的增大，生菜产量呈递增趋势，在喷施硒的质量浓度为4 mg/L时，产量达到峰值，而后产量随喷硒浓度增大而呈降低趋势。

张秀梅等盆栽试验表明，玉米在一定生长期内土壤中施硒，当硒含量为1.5 mg/kg时，植株茎粗、株高增加幅度都是最大的。

黄爱缨、吴珍龄试验结果表明，低浓度的亚硒酸钠（0.05～1.0 mg/L）促进稻苗生长，稻苗施亚硒酸钠最适合的质量浓度为0.5 mg/L；高浓度的亚硒酸钠（2.0 mg/L）会对稻苗产生毒害。

李登超等在营养液中加入低浓度硒（菠菜≤0.1 mg/L，小白菜≤0.1 mg/L）时，促进了植株的生长，增加了植株的产量；而加入高浓度硒（菠菜为0.5 mg/L，小白菜为20.5 mg/L）时，则抑制了植株的生长，降低了植株的产量。

朱祝军等研究结果表明，当营养液中加入低浓度硒（≤1.0 mg/L）时，促进了小白菜的生长，增加了小白菜的产量；加入高浓度硒（22.5 mg/L）时，则抑制了小白菜的生长，降低了小白菜的产量。

Biacs试验表明，低浓度硒对胡萝卜有益，而高浓度硒则有毒害作用，适量施硒可增强作物的光合作用，提高可溶性蛋白质的含量，从而促进作物生长，提高产量，增强抗逆能力，但是其作用受硒形态、施用时期及作物类别等因素影响较大。

2. 硒对作物产量的影响

作物的产量和施硒浓度有很大的关系，在低浓度硒的条件下，可增加作物的产量，在高浓度硒的条件下，可造成作物减产。彭克勤等研究表明，3 组施硒处理的籽粒产量均高于未施硒的对照组，施硒 5 mg/L 和 10 mg/L 处理组的产量比对照组分别高出 48% 和 47%，而施硒 20 mg/L 处理组的产量仅比对照组高出 14%。籽粒产量的多少与净光合速率的高低呈高度正相关。施用不同量硒无一例外都大大提高了水稻每穗实粒数，大幅度降低了空秕率。施硒 5 mg/L 和 10 mg/L 还增加了有效穗数，提高了千粒重，提高了水稻的产量。

王晋民、赵之重、包顺奎的研究表明了叶面施用低浓度硒（0.15 mg/kg、10 mg/kg）对大蒜产量有促进作用，大蒜产量分别较对照组提高了 412% 和 1 115%，最高产量达 720 618 kg/hm^2。当硒浓度继续增加时，产量反而下降。这说明适量施硒能促进大蒜生长发育，提高产量；而过量施硒（≥10 mg/kg），则对产量产生负效应。

王晋民、赵之重、沈增基的研究表明，青花菜施硒水平为 0.1 mg/kg 时产量较对照组有所增加，增产 601.98 kg/hm^2，其余处理组产量均低于对照组。

魏丹等通过对水稻喷不同硒浓度的各处理组进行比较，得出叶面喷施一定量的硒肥对水稻有增产作用，增产 8.1% ~18.0%。喷施硒肥对水稻株高、有效穗数、穗长、千粒重都有明显的改善。不同硒肥用量处理组中，处理组 4 对水稻产量构成因子和产量影响较大，增产最多，达到 18.0%。

高新楼等的研究结果表明，叶面喷施富硒液能显著提高小麦籽粒的硒含量，小麦穗粒数、穗重、千粒重有所增加，产量增幅达 5.5% ~12.3%，但随着喷施量的增加，小麦产量有下降趋势。综合考虑，富硒液用量以 0.6 ~0.9 L/hm^2 比较适宜。

王晋民等的研究表明，胡萝卜产量随施硒质量浓度的增加表现为递减趋势，较对照组减产 3.19% ~14.27%。因此，施硒对胡萝卜产量有抑制作用，且与硒质量浓度的增加呈负效应，在施硒质量浓度最高（500 mg/L）时产量最低。

大蒜施硒量为 0.5 mg/kg 和 10 mg/kg 时，产量分别较对照组提高 4.2% 和11.5%，并随施硒浓度的增加下降，在施硒量为 1 000 mg/kg 时降至最低；但各硒处理组间产量差异未达显著水平。

3. 硒对作物品质的影响

试验数据表明，硒能够改善多种作物的品质，其主要原因可能是硒可以通过参与多种代谢反应来调节植物生命活动。施硒处理可使西葫芦、黄瓜、番茄、芸豆和白菜氨基酸总量较对照组有所提高，人体必需氨基酸除异亮氨酸、撷氨酸、亮氨酸增加不显著或在少数蔬菜中略有降低外，其他必需氨基酸种类均有大幅度的增长。由此可见施硒能提高蔬菜氨基酸，尤其是人体必需氨基酸的含量，从而提高蔬菜中优质蛋白质的合成。试验表明，施用硒肥，还能提高蘑菇抵抗收后变褐的能力，提高了蘑菇的营养价值；硒加钙处理，硒含量提高了约13倍，钙含量提高了2倍，蘑菇生长得更白。尚庆茂等报道，硒能提高生菜茎叶的总糖、还原糖、叶绿素、可溶性蛋白质含量，降低粗纤维和亚硝酸盐的含量。还有研究表明，施硒肥使猕猴桃的果实总酸含量降低，糖度和维生素C含量增加；对水稻施硒肥可使大米中氨基酸含量增加；硒还能抑制作物对某些化学致癌物质的吸收。卢敏敏、洪坚平的研究结果表明，水培试验中加入低浓度硒（0.10 mg/L）时能明显改善韭菜的品质。在营养液中加入适量浓度硒（0.10 mg/L）时，韭菜中的硝酸盐含量降低37%，维生素C含量提高54%，还原糖含量提高60%，叶绿素含量提高39%。

周大寨土培试验表明，土壤施硒量为16.0～32.0 mg/kg时，可显著提高花椰菜中的蛋白质、总糖和还原糖的质量分数，土壤施硒量为24 mg/kg时，花椰菜花球的可溶性蛋白、可溶性总糖及还原糖的提高幅度较大，改善了花椰菜的品质。

王淑珍、赵喜茹的研究结果表明，喷施亚硒酸钠溶液质量浓度为500 mg/L和1 000 mg/L时，蒜头中维生素C含量和可溶性固形物含量比对照组有明显提高，提高幅度为0.26～0.37 mg/kg；当喷施质量浓度提高到1 500 mg/L时，蒜头中维生素C含量和可溶性固形物含量呈现下降趋势，但是可溶性糖和硒的含量逐渐增加，特别是随着喷施硒浓度的提高，蒜头中硒含量明显增加，证明喷施亚硒酸钠溶液对大蒜蒜头品质有明显改善。李彦等发现，在大棚条件下施硒处理能增加番茄果实中维生素C的含量，两未处理组较对照组番茄果实中维生素C含量增加8.0%和11.4%。维生素C是衡量果菜品质的一项重要指标，所以施硒对番茄的品质有一定的改善作用。

冯两蕊、杜慧玲等通过盆栽试验对生菜喷硒溶液，随着喷施浓度的递增，维生素C含量呈递增趋势，直到质量浓度为4 mg/L时维生素C含量达到峰值，随后呈下降趋势。这表明，适量喷施硒溶液能提高生菜中维生素C含量，改善生菜品质。

田应兵等的研究结果表明，在非中毒范围内（<0.1 mg/L），随着供硒水平的提高，黑麦草地上部分的粗蛋白、钙和磷的含量增加，粗纤维和粗灰分含量下降，粗脂肪含量变化不明显，有利于提高黑麦草可食用部分的品质。

冶军等发现，对大豆施硒可以明显改善大豆的品质，主要表现为蛋白质含量的提高。蛋白质的含量各施硒处理组由对照组的35.21%提高到37.97%～38.48%，显著增加。胡秋辉在低硒土壤的茶园施用无机硒肥，研究发现富硒茶叶中的硒能有效抑制茶叶在贮藏期间维生素C的减少。与低硒茶叶相比，富硒茶蛋白质的氨基酸总量增加8.3%～14.8%，必需氨基酸总量增加8.8%～14.8%，甲硫氨酸增加6.0%～8.7%，胱氨酸增加7%～95.6%。

4.抗氧化作用

生物体内的过氧化作用主要是由活性氧自由基及其衍生物引起的膜脂过氧化作用。在大棚栽培条件下，土壤中施入一定量的硒能够提高番茄中GSH－Px的活性；使植物体内MDA的含量降低，增强番茄对逆境的抵抗能力，促进过氧化作用。自Stadtman在海洋硅藻中发现 GSH－Px 以来，人们陆续在油菜、大豆、玉米、小麦等高等植物中检测到了 GSH－Px 的活性，并开始转向硒对植物抗氧化作用的研究。硒是 GSH－Px 的组成成分，GSH－Px 有降低或消除膜脂过氧化物所产生的自由基对膜攻击的能力，使膜得到保护。吴永尧等关于水稻施硒对水稻丙二醛、氧自由基的研究表明，丙二醛含量、氧自由基的产生速率及其他自由基的生成量均随着硒浓度（ <0.1 mg/L）增加而降低，说明适量硒在清除植物体内过量自由基、防止过氧化方面发挥着重要作用。例如，在大豆重茬和连茬小区试验中，硒的使用显著提高了大豆叶片和植株体内 GSH－Px 的活性，使大豆中 MDA 含量明显降低。在水稻上的研究表明，膜脂过氧化产物 MDA 含量和自由基的生成量随施硒浓度的增加而降低。

5. 拮抗环境毒害

硒可预防镉中毒，拮抗汞和砷引起的毒性，从而能够增强植物对重金属、环境、污染物和生理逆境的抵抗力。如硒可降低小麦和莴苣对镉的吸收，硒能拮抗汞的毒性，硒可能与汞形成 HgSe 复合物，从而减轻植物整体原汞负担等。杜式华等指出，汞可抑制小麦光氧化氢活性，而硒对汞有明显的拮抗作用，并可抑制玉米和小麦幼苗对汞的吸收，以施硒量 15 mg/kg 的效果较好。有研究表明，硒与砷存在相互拮抗作用。盐处理生菜，能明显降低植株生物量、根冠比、茎粗，硒能不同程度地减轻盐对生菜的胁迫作用，表现为生菜植株生物量和茎粗的增加，生菜生长的前期和中期，低盐、高盐胁迫下加硒处理均增加了植株根冠比。研究表明硒能缓解除草剂（如苯噻草胺）对水稻幼苗的毒害作用，表现在株高、根长的变化，植株体内叶绿素、蛋白质、谷胱甘肽含量的提高和抗氧化酶活性的增加，O_2、H_2O_2 等活性氧和膜脂过氧化产物丙二醛含量降低，自氧化速率减慢。硒对高温胁迫下辣椒叶片抗氧化酶活性有重要调节作用，并有利于提高辣椒植株的耐热性。此外，在水培和土培试验中，硒还能提高大豆对红蜘蛛的抗性，使产量较对照组增加。

6. 硒对营养元素吸收的影响

试验表明，硒对营养元素含量的影响受硫水平制约。虽然高浓度硒能减少植株中氮、钾、铁、硼元素的含量，但是在低硫水平下施用低浓度硒对小白菜中氮、磷、钾、钙、铁、锰、硼元素的含量影响不明显；在高硫水平下施用硒能提高植株中氮、铁、锰元素的含量，而对磷、钙、镁、硼元素的含量影响不大。研究表明，低浓度硒（0.10 mg/L）能提高水稻幼苗叶片中铁、锌、锰元素的含量，对钾、钙、镁元素的含量则无明显影响；高浓度硒（1.0 mg/L）则可明显降低水稻幼苗叶片中钙、镁、铁、锰、锌元素的含量。盆栽和大田试验表明，施硒能不同程度地提高大豆叶片中镁、铁和锰元素的含量。研究表明，施硒能提高小白菜地下部分氮、硫元素的含量，提高地上部分氮、钙、镁、锌、锰元素的含量，降低地下部分磷、钾、硫元素的含量，降低地上部分磷、钙、镁、铁、锌、锰元素的含量。施硒促进大蒜对镁元素的吸收，且钾、磷、铁元素的含量在一定硒浓度（0.5 mg/kg、10.0 mg/kg）下有不同程度的提高。叶面施硒能不同程度地提高胡萝卜中钙、镁、铁元素的含量。

(1)硒与硫间的平衡

硒与硫同为氧族元素,硒酸盐和硫酸盐有许多相似的化学性质,硒和硫既相互协同又相互拮抗,二者随土壤或营养液中硒与硫的含量及硒肥的种类而变化。在植物根吸收营养物质的过程中,硫是影响植物吸收硒的一个重要因素。有人用不同硫硒配比水培总状黄芪时发现,硫硒比为9:1时对植物生长的刺激效果最大,施1 mg/L、3 mg/L、9 mg/L浓度硒时对植物生长的作用相同,而硒质量浓度为27 mg/L时拮抗最明显,仅轻微刺激植物生长,硒质量浓度达81 mg/L时产生明显毒害。Mikkelsen等通过大麦和水稻的水培试验发现,随着SeO_2的加入,植株体内的硒浓度降低,即使是加入低量SeO_2,水稻茎中硒浓度也几乎降低一半。在低硫营养液中,大麦和水稻茎的硫浓度随培养液中硒浓度的提高而显著增加。在低硫营养液中,施硒能促进大麦和水稻幼苗吸收硫酸根离子。硫饥饿会促进番茄根对硒的吸收和运输,增加硒在叶片中的分布及根、茎和果实中有机硒的含量。

(2)硒与氮间的平衡

一般认为,蛋白质、氨基酸和水溶性氮素可促进植物对硒的吸收,而加入腐殖酸则降低植物中硒的含量。对生菜进行水培施硒的研究表明,0.4 mg/L硒能促进氮、磷元素的吸收,但不同生菜品种的蛋白质代谢受硒的影响不同。尚庆茂等发现,增加硒元素可促进整个植株对氮元素的吸收,增加了红叶生菜和奶油生菜茎叶中蛋白氮的含量,相对降低了非蛋白氮的含量,抑制了玻璃生菜体内蛋白质的合成,导致了非蛋白氮的积累,其中主要是非蛋白氮中铵态氮的积累。低硒有利于烟草氮代谢,而高硒则抑制其氮代谢。可见,施硒对植株中氮元素含量的影响因植物种类或硒处理浓度的不同而不同。

(3)硒与磷间的平衡

关于磷、硒交互作用对水稻硒吸收累积的影响研究发现,土壤-稻株系统中,磷、硒之间存在着既相互促进又相互拮抗的关系。在低磷情况下,磷抑制了植株对硒的吸收;而在高磷条件下,磷促进了植株对硒的吸收。关于施用硒、硫对烟草中磷的吸收和积累的研究发现,硒与磷作用的性质不仅与硒浓度有关,还与烟草生育期、生长器官及硒、硫相互作用有关。高硒降低了前期烟草全株磷元素的含量,而低硒则使其增加。成熟期烟叶不施硫时,施硒增加了烟叶中磷元素的含量;施硫时,施硒则降低了烟叶中磷元素的含量。

7.过量硒的毒害作用

关于硒对作物的毒害作用研究现在已有许多报告,不同植物硒中毒的症状有较大的差异。在高浓度硒介质中,大部分非聚硒作物生长过程中都会出现硒中毒症状,植物生长及其生理活动受到抑制。电子显微镜观察到,生长在高浓度硒下的生菜叶片叶绿体膜受损,基粒结构解体,从原来致密、有序排列的状态变成松散的匀质状态。草类中毒症状表现为叶片白绿病、根组织粉红色;其他植物则出现生长障碍、黄绿病、叶脉粉红色、叶面发暗绿色,浓度更高时植物呈现白色,发生缺绿病及早熟死亡。有研究发现,番茄幼苗加硒培养1周后,高浓度硒(3.0 mg/kg、5.0 mg/kg)水平下的植株出现硒毒害,其症状为茎叶及顶端嫩叶缺绿，茎、叶柄和叶脉呈紫红色，根细长，根冠黑褐色并已经腐烂。Sign 等对硒含量、核酸、蛋白质的含量变化进行了具体的研究，得出高浓度的硒导致作物生长普遍受抑制，作物的产量降低，磷在一定的范围内有解毒作用的结论。有人通过室内培养的方法来研究硒对小麦、黄瓜的毒害作用。结果表明，低浓度的硒有利于作物的生长发育；高浓度的硒会导致作物抗逆境反应物质 ABA 的增加，影响植物的正常发育，甚至植物出现毒害症状。同时，外源 ABA 对硒的毒害有明显的拮抗作用。相反聚硒作物在吸收大量硒之后则不会表现出硒中毒症状。可以看出硒并不是越多越好，要有一个适宜范围。研究表明，成人每天的摄硒量应控制在 50 ~ 300 μg。我们应该控制作物体中硒含量在一个适宜的范围内，才能充分发挥硒对作物的有利作用，从而不会对人体造成危害。

（十）硒在畜牧业中的作用

1. 营养作用

硒是畜禽生长不可缺少的营养元素。饲料中加硒 0.1 ~ 0.2 μg/g 可促进幼龄畜禽的生长并防止硒缺乏病的发生。大量试验表明，给畜禽补硒，尤其给低硒地区的畜禽补硒，可显著提高其生产率，如断奶公猪增重 26.7%，肉猪日增重 16.85%，羔羊增重 7.596% ~ 13.8%，肉鸡增重 15.2%，青年母牛增重 37.1%。

2. 繁殖作用

缺硒地区补充硒可提高乳用母牛、肉用母牛及母猪的繁殖效率。在新西兰缺硒地区，补硒后的母牛空怀胎率从 3 096% 降至 596%，胚胎死亡率从 25.8% 降至 3.4%。低硒区，注射 0.2% 的亚硒酸钠后，母猪产仔数比对照组提高 62.5% ~ 83.3%，仔猪日增重比对照组提高 5.5% ~ 36.4%。对于低硒区的雄性畜禽，补硒也有积极的作用。

3. 免疫功能

硒能明显影响畜禽的免疫功能，如非特异性免疫、细胞免疫和体液免疫。缺硒可引起牛、羊白细胞和淋巴细胞中含硒谷胱甘肽过氧化物酶的活性降低，猪的外周血液淋巴细胞染色体畸形率升高，还可引起猪、雄鸡、雏鸭免疫器官组织的病理性损伤，组织内谷胱甘肽过氧化物酶活性降低等，补硒后会缓解甚至消除上述影响。动物实验还证明，动物补硒能减轻多种致癌因素的影响，抑制肿瘤的发生率及死亡率。

4. 畜禽对硒的摄入量

综合国内外的研究，一般牛、马、羊、鸡饲料硒的营养需要量为 0.10 ~ 0.15 μg/g，火鸡为 0.2 μg/g，鸭为 0.14 μg/g；体重 10 kg 以下的猪饲料中硒的营养需要量为 0.3 μg/g，体重 10 ~ 20 kg 的为 0.25 μg/g，体重 20 ~ 50 kg 的为 0.15 μg/g，体重 50 ~ 100 kg 的为 0.1 μg/g。缺硒地区的畜禽饲料硒的营养需要量略高于上述指标。

二、富硒农业的含义

人们通常认为，天然富硒区利用本地区的硒资源优势进行富含硒农产品生产的农业

生产方式即可称为富硒农业,但这只是一种狭义的概念。广义来讲,富硒农业是指以农产品为载体,利用农作物或畜禽进行硒的生物转化,使产品中的硒含量达到富硒农产品相关标准的农业生产方式。富硒农业生产的农产品为富硒农产品。

在天然富硒区,植物可以利用土壤中的硒资源,通过生物转化的作用使植物农产品中的硒含量得到积累;土壤贫硒地区,通过对农作物采取施硒肥的方式使植物农产品中的硒含量得到积累,或通过饲喂富硒饲料,使家禽等动物体中的硒含量得到积累,从而发展富硒养殖业。富硒农业重点在于强调农作物或者畜禽对硒的生物转化过程。

富硒农业是现代农业的一个类型,属于功能农业的一种形式。

功能农业是指通过生物营养强化技术或其他生物工程技术生产出具有改善健康功能的农产品。简单地说,就是生产出的农产品能够定量满足人体对健康有益的微量元素营养的需求,比如满足不同年龄段、不同群体所需要的钙、铁、锌、硒等,进而达到促进生长发育、增强免疫力、抵御癌变、延缓衰老的目标。功能农业的核心要求是农产品中某一种或几种健康有益成分基本定量,并可以标准化实现,目前的主攻方向是硒的研究。

农业发展可分为三个阶段:高产农业、绿色农业和功能农业。在新中国成立之初,我国粮食严重短缺,改良土壤、施用化肥农药及研发良种的高产农业被作为我国农业发展的首要任务;1989 年,注重农产品生态安全的绿色农业被引入我国,包括无公害农业、绿色农业和有机农业;功能农业作为农业发展的第三个阶段,侧重于农产品的营养与健康内涵。随着人们生活水平的不断提高,人们营养保健意识的日益增强,不仅想吃得安全,还想吃得健康,我国农产品最终走向为营养化、功能化,富硒功能性农产品正好迎合了人们的这种消费需求。我国农业目前进入了农业发展第三个阶段(功能农业),富硒农业是功能农业最早开展的方向,具有广阔的发展前景。

三、富硒农业科技研发

杨行玉认为陕西省富硒科技资源整合形成了以产业为依托、以政府为主导、以企业为主体、以地方高校为平台支撑的科技创新资源整合模式,有效地推进了区域特色产业升级发展。政府、相关科研单位、质检部门要做好硒资源普查,天然富硒食品标志制度制定,富硒资源开发技术平台建设,制定实施富硒食品硒含量分类标准等工作,多渠道筹措资金,加大富硒产业科技支撑的资金投入。陈绪敖主张要利用好现代农业科技,将绿色农业技术、绿色农产品加工技术、现代生物技术和工业设备与文化创意、文化艺术活动有机结合起来,构筑多层次、无公害、具有地域特色、彼此良性互动的绿色农业产业价值体系,提高区域富硒食品的市场竞争力。

四、富硒农业政策研究

政府引导,促进产业升级对富硒农业发展十分重要。陈绪敖认为政府应从富硒农产品基地、富硒食品产业布局、流通体系设计、重点发展计划项目到配套的产业扶持政策等方面做出全面规划，培育龙头企业，促进科学发展。陈小丽等主张政府根据市场需求、资源生态、产业布局（参照恩施州区域经济布局）有重点地实行整体开发，在各市、区构建各具特色的优质、高产、高效、生态、安全的产业区域。于勤勤主张政府要推进富硒产品的产业化经营，协调产前、产中、产后各经营主体关系，为企业提供政策、税收、资金、技术上的支持。

加强对硒产品的质量监管。朱慧英主张要尽快推出富硒产品国家标准、行业生产标准，通过龙头企业的带动作用规范富硒食品生产，加强富硒食品检测，保障食品安全，建立富硒农产品质量安全信息发布制度。富硒产业发展需要资金支持。刘建林等认为资金缺乏是富硒产业发展的“瓶颈”。当前，我国正处在以硒的初级生物资源开发为主，逐渐向有机硒的研究和开发阶段过渡时期，研发技术和市场开发环节需要大量的资金投入。富硒企业多为中小企业，获得的银行贷款较少，应建立硒资源产业发展基金，吸引风险投资，融通资金。

加强环境保护，实现富硒产业绿色可持续发展。朱慧英认为富硒地区生态环境脆弱，发展富硒农业，要做到合理、高效地利用资源，对特色农产品产地实施保护性耕作，减少硒资源流失；提高农业生产技术，发展循环农业。李春生主张发展富硒肥料，将硒矿矿渣作为含硒肥料的生产原料。

五、富硒农业产业化及产业集群

富硒农业产业化是以市场为导向，以富硒农业企业或农业合作社为主体，实行集约化、规模化、商品化生产，按照现代产业理念构建上中下游一体，包含一、二、三产业的完整产业链。富硒农业产业价值链环节众多，生产技术和产品众多，可开发潜力大；产业链价值的提升有赖于各生产环节技术水平的提高和环节间的相互配合。

发展富硒农业产业要以市场为导向，市场是农业产业不断发展的拉动力。选择市场容量大、经济效益好的产业和产品，建立管理规范的原料基地，加强富硒农业生产的标准化，提高生产技术水平，大力发展富硒农产品贸易，促进城乡衔接，形成产供销一条龙。杨帆认为恩施富硒食品应走“以市场为导向，以品牌为纽带，以企业为主体，以农户为基础”的一体化发展战略。颜送贵等在湖南桃源富硒产业发展对策中提出从产品基地建设开始，经科学栽培管理，采后商品化处理、产品贮存运输、富硒农产品加工到产品营销的首尾衔接、环环紧扣的富硒农产品产业链型的循环经济开发模式。

富硒农业产业集群以富硒农业产业链为基础，产业间相互关联，包括富硒种养产业、精深加工产业、高技术产品转化产业、物流产业、旅游服务产业等，各产业集聚在一起形成集富硒产品生产、加工、物流、旅游为一体的生态富硒产业区域。发展富硒农业产业集群要加强产业间的融合。陈绪敖等认为安康市富硒农业产业集群大多是同类企业之间的简单扎堆，彼此之间并没有明显的专业化分工与协作，农业发展与第二、第三产业发展关联不紧密，缺乏专业化的富硒贸易市场、物流中心及创意包装设计等相关支撑产业；主张加强政府在培育安康市富硒农业产业集群中的引导作用，加强基础设施建设、创建技术研发平台、技术检测平台，鼓励龙头企业做大做强，引导并规范安康市富硒农业产业集群健康快速发展。

发展富硒农业产业要大力发挥龙头企业的作用。发挥龙头企业具有信息、科研、加工、运销、服务于一体的经营模式的优点，提高农业生产经营组织水平，扩大富硒农业产业规模，提高富硒农业生产的现代化水平，促进产业资本和金融资本的融合。颜送贵等在湖南桃源富硒产业发展对策中提出要培植省、市级龙头企业，壮大相关富硒产品专业合作社，坚持民办、民管、民受益、自主经营、企业化管理的原则；精选招聘、经营、生产、管理等方面的杰出人才，做好、做大、做强富硒农业产业。

第二节　富硒农业分类及前景

一、富硒农业的分类

一般来说，如果按照富硒农产品中硒的来源区分，富硒农业可分为天然富硒农业与外源生物强化富硒农业两类；如果按照富硒农业所属的农业产业类型区分，富硒农业可分为富硒种植业、富硒养殖业和富硒加工业。

我国拥有湖北恩施、陕西紫阳等少数几个高硒区，研究发现土壤中硒含量与其上生长的植物硒含量有良好的相关性，因此可以充分利用高硒地区天然的土壤优势生产多种富硒农产品，如陕西紫阳的富硒茶叶、富硒柑橘、富硒菇、富硒果醋和富硒药材等；湖北恩施的富硒玉米、富硒小麦、富硒黄豆、富硒高粱、富硒甘薯、富硒烟叶和富硒茶叶等。

所谓外源生物强化富硒农业，就是在土壤中硒相对缺乏的地区，可以通过外源生物强化，增施硒源来生产富硒产品。外源生物强化富硒农业主要是通过人工制造富硒环境（植物叶面喷施、动物饲料添加）和生物转化的方法来生产富硒农产品。外源生物强化富硒农业的方法包括微生物富集法、动物转化法及植物转化法。

（一）富硒种植业

1. 种植业是以土地为重要生产资料，利用绿色植物，通过光合作用把自然界中的二氧化碳、水和矿物质合成有机物质，同时把太阳能转化为化学能储存在有机物质中。富硒种植业就是自然（或人工）环境中的硒在农作物（绿色植物）的生长过程中通过植物的生物转化作用转化为以有机硒为主的硒形态，从而生产富硒农产品的过程。富硒种植业生产的主要产品包括富硒粮食、富硒蔬菜及富硒水果等。

富硒种植业根据植物对硒的吸收能力，可分为硒积聚植物和硒非积聚植物两大类。硒积聚植物常被称为“硒指示植物”，包括两种：

(1)原生硒积聚植物，如黄芪属植物，含硒量常超过1 000 μg/g。

(2)次生硒积聚植物，如紫菀属植物，每克含硒量很少超过几百微克。

大部分农作物不是硒积聚植物，称之为硒非积聚植物，其含硒量都很低。

农作物吸收硒的主要来源是土壤中的硒，农作物对土壤中硒的吸收除了与植物种类有关，还与土壤硒含量、土壤质地、pH、土壤水分含量、土壤盐度等因素有关。农作物应用适当的方法使农作物富硒，不但可提高农产品的产量和品质，而且使作物的硒含量成倍增加，达到世界卫生组织规定的人畜需硒标准。生产上农作物施硒主要有3种方式：拌种、叶面喷施、土壤施硒。

根据我国富硒地的分布和具体情况，在富硒农业种植的发展中，我们必须把握好发展方向，尽量做到物尽其用，在生产实践中，应做好以下几项工作：

(1)建立富硒农业种植基地。要发展富硒农业种植首先必须得建立符合种植要求的种植基地，在富硒地适合进行农业种植的区域选择好地块，针对拟建立种植基地的区域土壤进行检测，掌握内含的营养成分和硒元素含量范围，为日后的种植品种选择和施肥管理提供参考。富硒地确定后应科学规划并建立便于作物生长管理的现代化灌溉和施肥设施，为实现富硒农作物高产目标打下良好的基础。

(2)科学制定富硒产品品牌。在富硒农业种植发展中，我们除了要建立符合种植要求的种植基地，还应当科学制定富硒产品品牌，在产品品牌的设计和宣传过程中突出硒元素对人体健康的积极作用，打造一批具有特色的农产品品牌，形成品牌效应，以品牌影响力来促进富硒农业的进一步发展。

从现阶段的保健性功能农产品品牌建设情况来看，比较具有影响力的富硒农产品品牌还非常欠缺，亟待开发和推广，而一个成功的品牌往往也能够让一个产业迅速发展起来，富硒农业的发展也不例外。

(3)借力信息技术开拓市场。信息技术已经成为各个领域最重要的辅助技术，在我国现代农业的发展建设中，信息技术正在发挥着越来越大的作用。富硒农业种植作为现代化功能性农业，完全可以借力信息技术，利用计算机和网络的优势，从种植信息选择、规划发展、基地生产管理、开拓市场等方面运用好现代化信息技术。从现阶段的富硒农业和信息技术的融合程度来看，大部分都是利用信息技术领域的网络和电商平台来进行产品销售，借助信息技术的发展来开拓销售市场，而且已经取得了较好的经济效益。

富硒农业虽然是现代化农业中占比很小的功能性农业，但是却是农业结构不断完善的必须组成部分。在现阶段的农业结构调整和转型升级环境中，富硒土壤作为重要的农业生产资料，正在被人们开发利用，富硒农业种植在我国的富硒地区已经全面展开，市场上供应的富硒农产品也越来越多，相信在现代农业技术的推动下，富硒地区的农业种植将会取得更好的经济效益，将给人们带来更多的富硒产品。

总体来说，硒元素是人体生长过程中所需的一种非常重要的微量元素，也是不可或缺的一种营养成分。人们现已广泛地认识到，含硒食品大力发展的重要性，市场需求在不断增长，在此情况下，一定要提升富硒农业种植力度，促进功能农业产品大力发展。

可以用于生产富硒产品的作物主要有：

(1)粮食作物类，如水稻、小麦、高粱、谷子、玉米、大豆、蚕豆等。

(2)经济作物类，如油菜、花生、甘蔗、甜菜、胡麻、油菜、茶叶、向日葵等。

(3)果树类，如苹果、梨、桃、杏、草莓、葡萄、李子、栗子、西梅、梅子、柑橘、荔枝、樱桃、阳桃、柚子、橙子、柠檬、香蕉、菠萝、龙眼、火龙果、柿子、石榴等南北生果类。

(4)蔬菜类：果菜，如西红柿、辣椒、豆角、茄子、黄花菜等；叶菜，如大白菜、菠菜、芹菜、小油菜、香菜、菜花、芥蓝、甘蓝等；瓜菜，如南瓜、丝瓜、冬瓜、苦瓜等；根茎菜，如胡萝卜、白萝卜、大蒜、大葱、芜菁、莴笋、芦笋、牛蒡、马铃薯、红薯等；瓜类，如西瓜、甜瓜、打瓜、哈密瓜、蜜糖瓜等。

(5)药材类，包括根茎类、叶类、花类、果类、皮类等。

水稻、小麦、谷子、玉米等粮食作物，在抽穗开花后的灌浆期，喷洒硒 1 次即可，每喷雾器(15 kg 水)加入有机硒肥 20 mL，每亩[①]使用有机硒肥 100 mL，配比 75 kg 水，平均喷洒在作物的叶面上即可。

苹果、梨、桃、杏、草莓、葡萄等南北生果类，在生果成熟前 20 ~ 30 天喷施硒 1 次，每亩用有机硒肥量为 100 ~ 150 mL，其配比浓度及喷施方法同上。需要留意的是：大树、丰产树要多用有机硒肥，果实成熟期长的，可实施 2 次喷洒效果更好，但有机硒肥的总量原则上每亩不超过 150 mL。

(二)富硒养殖业

目前富硒养殖业主要包括富硒猪、牛、羊、鸡、鸭、鹅和兔等家禽、家畜及水产类的饲养，富硒养殖就是通过饲喂富硒饲料而使各种畜禽产品达到富硒标准的要求，富硒饲料可以是天然富硒区生产的富含硒的植物性饲料，也可以是通过外源生物强化技术生产的富含硒的饲料。通过富硒养殖生产出来的富硒产品主要包括富硒肉类、富硒蛋类和富硒奶类等。

硒能提高动物的生长性能，改善繁殖能力，增强免疫功能，改善肉质。与不添加硒相比，动物饲料添加不同硒源均显著增加了动物肌肉中硒的含量，而且有机硒组的效果要好于无机硒组。

养殖中给动物补硒的方法通常有两种：

(1)人工对动物添加硒。添加无机硒极易引起动物中毒，所以添加的大多为氨酸螯

---

① 1 亩 = 666.7 m^2。

合硒、富硒酵母、富硒藻类、硒麦芽等有机硒，不同的硒源对动物产品硒含量的影响也是不同的。

（2）富硒饲料。富硒饲料在动物体内转化为有机硒是安全有效的，同时也增加了动物体内的微量元素。

（三）富硒加工业

随着人们对生活品质和健康的不断追求，越来越多的人已经意识到缺硒的危害，许多国家也开始重视富硒农产品的开发和研究。早在20世纪80年代，芬兰、新西兰等国家通过施用硒化肥和缓释硒化肥，成功地提高了牧草中的硒含量，改善了牧的草营养价值。美国、加拿大等国家也研发出了富硒小麦、富硒啤酒、富硒牛奶、富硒果汁、富硒牛肉等产品来丰富富硒食品的种类，满足不同群体的需求。

近年来，我国的富硒产品种类也越来越多，如富硒谷物、富硒蔬菜、富硒水果、富硒食用菌、富硒茶叶、富硒药材等。蔬菜和水果是人们日常饮食中的必需品，不但食用方便，而且还可以为人体提供所必需的多种维生素、矿物质和膳食纤维等。富硒蔬菜和富硒水果的研发，既能改善饮食结构，又能补充硒营养。谷物在人类饮食结构中具有非常重要的地位，广谱性较高，因此富硒谷物（如富硒大米、富硒小麦等）在富硒农产品的开发中占有主要的地位。为了规范富硒农产品的生产，国家和农业部针对富硒农产品制定了相关的标准。

在我国，传统的富硒产品如富硒粮食、富硒粮油产品、富硒肉禽产品、富硒干鲜果、富硒蔬菜、富硒茶、富硒食用菌等产业化水平较高；技术、资金含量较高的富硒饲料及饲料添加剂、硒矿粉和硒复混生物有机肥、富硒营养剂、富硒中药材、富硒保健品等产业亦有一定的规模。但是，我国富硒加工业发展整体尚处于起步阶段，规模小、产业化水平低，以粗加工为主。

富硒加工业生产的富硒食品，除具有一般食品皆具备的营养功能和感官功能外，还具有一般食品没有的调节人体生理功能的作用。因此，富硒食品应是含硒丰富，能提高某些特定人群硒营养水平且安全无毒、无副作用的饮食制品。

（四）硒对人体的作用及如何补充硒

1. 硒与免疫力

硒是人体必需的微量元素，在各种具有免疫调节功能的营养素（包括维生素C、维生素E、维生素A、锌、镁等）中是目前已知的唯一与抵御病毒感染有一定直接关系的营养素。硒可以增强人体免疫系统调节能力，一定程度阻止病毒突变，降低多种病毒性感染疾病的发生率，因此硒被称为是调节机体免疫力的“能手”。免疫系统是身体最好的“医生”。

2. 硒与病毒

硒对病毒性感染疾病具有防治作用。反转录病毒含有编码硒蛋白的UGA密码子，在

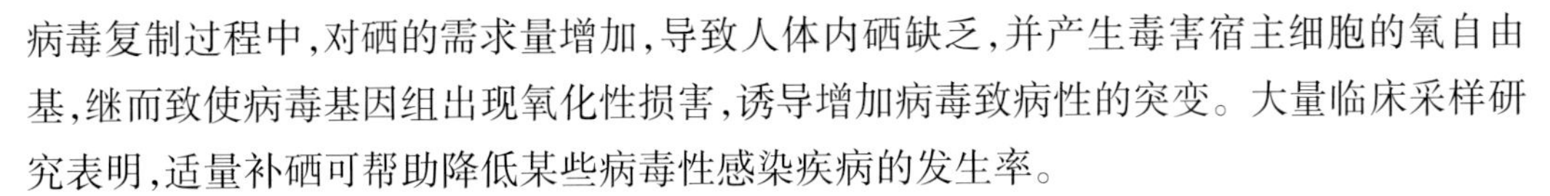

病毒复制过程中，对硒的需求量增加，导致人体内硒缺乏，并产生毒害宿主细胞的氧自由基，继而致使病毒基因组出现氧化性损害，诱导增加病毒致病性的突变。大量临床采样研究表明，适量补硒可帮助降低某些病毒性感染疾病的发生率。

3. 如何补硒

比起补硒类的保健品，专家更建议消费者选择天然富硒农产品。天然富硒土壤生长、种植、加工出来的农产品中硒元素的形态是有机硒，是人体安全、高效补硒的最佳来源。硒元素利用农作物转化过程改变了硒存在形式，即由无机的硒酸盐转化为蛋白硒存在于农产品中，变药补为食补，既科学又安全。

随着人们生活水平的提高，一日三餐已经离不开蔬菜，而且日平均消费量不断增加。因此，食用富硒蔬菜是一种最好的补硒方式。富硒蔬菜除了具有补硒功能外，还可提供人体所必需的多种微量元素和维生素。人工种植的富硒蔬菜需要对蔬菜根部施以硒肥或叶面喷施硒肥。只有蔬菜中的硒含量达到一定标准才能称为富硒蔬菜。

俗话说“每天一苹果，医生远离我”，可见苹果对我们的健康非常有益。苹果性味温和，营养均衡、丰富，是我们日常生活中常见的一种水果，被誉为北方水果之王。

富硒苹果具有很高的营养价值，对人体有很多好处：

（1）富硒苹果中的胶质和微量元素铬能保持人体血糖的稳定，还能有效降低人体胆固醇含量；

（2）在空气污染的环境中，多吃苹果可改善呼吸系统和肺功能，保护肺部免受污染和烟尘的影响；

（3）富硒苹果中含有的多酚及黄酮类天然化学抗氧化物质，可以降低患肺癌的危险，预防铅中毒；

（4）富硒苹果特有的香味可以缓解压力过大造成的不良情绪，具有提神醒脑的功效；

（5）富硒苹果中富含粗纤维，可促进肠胃蠕动，协助人体顺利排出废物，减少有害物质对人体的危害；

（6）富硒苹果中含有大量的镁、硫、铁、铜、碘、锰、锌、硒等微量元素，可使皮肤细腻、润滑、红润有光泽。

大米是人们生活中的主食，多数人会选择口感佳的高品质大米。现在人为了吃得更加健康，推崇吃富硒产品，富硒大米备受人们的喜爱。

综上所述，人们对农产品、食品的需求已不仅仅停留在解决温饱、确保安全的阶段，而是有了更高要求，希望其集功能化、营养化、健康化于一体。不仅蔬菜、水果、水稻可以富硒，茶叶、虫草、小麦等都可以富硒。因此，功能农产品产业发展前景广阔，人们消费观念的升级可带动该产业的发展。

二、富硒农业的特征

硒资源是富硒农业发展的核心因素。富硒农业的发展对硒元素具有极强的依赖性，无论是在国外还是在国内，富硒农业均是首先在土壤富硒区发展起来的，然后才慢慢延伸到缺硒区。

我国虽然大部分地区缺硒，但也存在部分硒含量很高的地区，有效开发富硒区的硒资源，并把它应用到全国范围，以平衡我国部分富硒区居民硒摄入过量而缺硒区居民硒摄入不足的问题。

富硒农业的发展对生物技术具有较强的依赖性。富硒农业其实就是将环境中的硒通过一定的生物转化作用转化为对人体有益的有机硒形态。富硒区与缺硒区对富硒技术的要求存在着一定的差异。富硒区主要是控制富硒农产品硒含量的稳定及重金属含量；缺硒区也需要控制农产品中硒含量的稳定性，但更重要的是对硒营养强化剂的开发，包括植物所需的富硒肥及动物所需的富硒饲料。不同形态的硒对植物或动物的效果不同，每一种植物或动物对硒的吸收及转化效率都存在着较大差异，因此在一种硒营养强化剂投入市场之前，需要进行大量的科学试验。

富硒农业属于功能农业，与人体健康息息相关。随着我国部分慢性病的发病率逐渐增加，以及我国人口呈现老龄化趋势，人们不再满足于只解决基本的温饱问题，而是越来越关注健康营养功能农产品的开发。并且随着富硒农产品总量增加、品种丰富和消费升级，富硒粮食、富硒蔬菜、富硒水果及富硒畜禽产品等逐渐向加工方向发展。富硒农产品加工具有较高的技术要求，主要包括富硒作物及动物原料标准控制、加工处理技术、添加剂和助剂、储藏及终端产品质量控制等。

土壤缺硒会导致农产品缺硒，如果长期食用，会导致人体内环境失常，免疫力下降并诱发多种疾病，严重危害人体健康。硒是人体不可缺少的微量元素，它是直接、有效、安全的自由基清除剂。

目前，现代化大背景下成长起来的常规农业处于激烈竞争阶段，富硒农业是劳动密集型产业，能够从根本上提高农产品价格，提升农业产值与效益。随着富硒农业道路的拓展，富硒农产品大量上市，部分在城务工的农民理性回归乡村，从根本上增强了农村的活力；另一方面，因富硒农业兴起，农民收入稳步增长，为农村社会经济繁荣奠定了坚实基础，吸引了一批有知识、有能力的建设者加入农村建设队伍，促进农村繁荣、城乡和谐与社会经济可持续发展。

三、我国富硒农业产业化发展现状

我国富硒农业产业化发展尚处于起步阶段，规模小、产业化水平低，以粗加工为主。陈绪敖等在对安康富硒农业产业发展研究中指出，安康富硒生产的比较优势尚没有转化成经济优势。生产的富硒产品表现出规模产量较大，但名特优质产品少；初级加工和粗糙加工多而精深加工少；采用传统工艺和落后设备的多，采用高新技术和先进设备的少；产品品牌混杂，质量良莠不齐，符合高标准、高质量要求的产品少等问题。全国各地涌现出

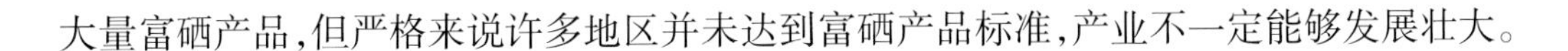

大量富硒产品，但严格来说许多地区并未达到富硒产品标准，产业不一定能够发展壮大。

四、富硒农业种植发展的前景

硒是重要的微量元素，是身体生长发育过程中不可缺少的营养成分，人们已经意识到富硒食品的重要性。而富硒农产品更是人们日常生活中的首选食品，其种植业正日趋发展壮大。由此可见，富硒农作物的种植不仅能改变农业的产业结构，还独具不可预测的经济效益和市场前景。

第三节　富硒农产品行业特征

一、富硒农产品的概念及功能

硒是人体必需的微量元素，但人体不能合成每天必需的硒，而需从每天的饮食中进行补充，因此开发富硒农产品是解决人体缺硒问题的重要途径。富硒农产品就是通过生物转化的方法，在动植物的自然生长过程中，把土壤或含硒肥和富硒饲料中的硒吸收利用，生产出含有便于人体吸收转化的有机硒较高的产品。合格的富硒农产品具有“安全、优质、健康”的特征，适合人们不断增长的饮食消费需求。富硒农产品的功能和作用除硒的普遍功能外，还包括以下几个特征：

(1)富硒农产品的开发为缺硒人群科学补硒提供了便利。富硒农产品的生产利用了动植物的生物转化功能，转变了硒的存在形式，即将无机硒转化为有效性更高的有机硒。

(2)保障农产品的质量安全。硒能增加作物对病虫害的抗逆性，对有害重金属有拮抗作用及对硝酸盐有降解作用，使得农产品的质量更安全可靠。另外，富硒农产品生产是以绿色技术为基础，以品牌农业为方向，进一步保障了农产品质量安全。硒也能提高养殖动物的抗病能力，减少兽药的使用量。

(3)改善农产品的品质。硒具有抗氧化等特性，使植物细胞同样也具有抗氧化、抗衰老的功能，增强细胞活性，且富含营养更多、更充分。富硒粮食籽粒饱满，棉花纤维粗长，蔬菜原汁原味，瓜果甜度增加，保质时间延长。研究证明，当水果中硒的含量达到10～20 μg/kg时，水果中糖分增加超过1度，糖酸比明显增大，且人体必需的矿物元素锌、铁和维生素的含量都相应提高。另外，加上硒元素抗氧化、抑病菌的特性，使得富硒农产品耐储运，提高了鲜活农产品的商品性能。

二、我国富硒农产品开发研究现状

自20世纪90年代以来，我国相继开发了很多富硒农产品，使富硒农产品的开发初步走向了标准化的道路。1989 年,中国农业科学院制定了我国缺硒区土壤含量分级标准,1991 年,我国制定了 GB 13105—1991《食品中硒限量卫生标准》(现已被替代),对农产品中的含硒量做了限量要求。进入 21 世纪,富硒区地方富硒农产品标准的相继出台,使得富硒区人们对富硒农产品有了一定的了解,但在全国范围内富硒农产品对于公众来说还是一个很陌生的概念。直到 2002 年农业行业标准 NY/T 600—2002《富硒茶》及 2008 年国家标准GB/T 22499—2008《富硒稻谷》的发布,使富硒茶和富硒大米生产开始在我国大规模发展。

从 2006 年开始,中国老年学学会进行了"中国长寿之乡"的评审活动,评审出的我国十大长寿之乡,无一例外都处于我国的富硒带上,包括广西巴马、湖北钟祥及江苏如皋等地。2008 年,中国科学院地理科学与资源研究所对我国长寿之乡土壤和食物调查发现,其土壤和食物中富含微量元素硒,其中居于长寿乡之首的广西巴马土壤硒含量显著高于相关标准。人们开始真正认识富硒食品及富硒农产品,也更加愿意去了解及购买富硒农产品。以富硒大米为例,我国富硒大米已经拥有了国家标准,形成了较规范的生产基地和消费市场。

2013 年,国家公益性行业(农业)科研专项"优质高效富硒农产品关键技术研究与示范"项目的启动,是我国第一个国家级富硒农产品研究项目,不仅针对性地解决了富硒区富硒农产品开发存在的问题,更重要的是在占我国 2/3 国土面积的缺硒地区开发富硒农产品,对规范我国富硒农业行业发展,提升富硒农业技术水平具有重要意义。目前,我国已相继开发出富硒大米、富硒茶叶、富硒食用菌、富硒蔬菜、富硒玉米、富硒水果、富硒魔芋、富硒家禽和禽蛋等 30 多种富硒农产品,申请国家发明专利几十项,为推进我国富硒农业发展提供了强大的技术支撑。

我国对富硒作物品种的筛选进行了大量研究。叶新福等报道,在栽培作物中,萝卜、芹菜、甘蓝、油菜、洋葱、豌豆等积累硒的能力较强,禾本科作物则较低。刘宪虎等研究表明,铁、锌、钙、硒 4 种元素在糙米中的含量高于相应的精米。内蒙古自治区农业科学院等单位选育出富硒能力比对照组高出 2 倍的蒙黑一号大麦,吉林省农业科学院培育的黑米品种龙金一号中硒含量高达 6.5 μg/g。研究表明,加强黑米、红米等特种富硒品种的选育,可提高硒的含量,并利于其他营养成分的提高。陈大清等还利用不同浓度的硒源诱变植物拟南芥的富硒基因,从分子水平上提高了富硒作物育种的效率。

在利用地方资源上,富硒地区主要是通过种植农作物,利用植物抽提土壤中的硒生产高硒含量的作物。毛大钧将粉碎后的高硒石煤施入土壤,实现较长久地为作物提供硒源。刘运谷等利用高硒资源生产出不同含硒浓度的肥料。

第二章　国内外富硒农业发展概况

第一节　国外富硒区的分布及特征

一、硒元素的总体分布特征

国外关于硒的自然科学研究较多而经济学研究较少。自世界卫生组织于1973年宣布硒是人和动物必需的微量营养元素以后，生物学和医学中有关硒的应用与研究不断进步，并取得了一系列研究成果。20世纪50年代前，人们对硒的研究只关注其毒性，70年代后开始关注硒的营养作用，90年代以后开始研究硒与生命科学中的关系。在富硒农业方面，国外对硒的生理生化作用机理、硒对植物生长影响、硒对农产品品质影响、硒的质量安全等研究较多。如Martin研究了硒对英国农作物的影响；Surai研究了硒在人类和家畜的营养和健康中的作用。Gupta认为硒具有解除重金属中毒的生理功能。Gladyshev的研究证明体内硒缺少是艾滋病病人的普遍特征。Ip认为硒对多种癌症具有防治作用，如乳腺癌、皮肤癌、结肠癌、肝癌等，“硒化学预防”已成为世界许多科学家研究的焦点。此外，由于有机硒比无机硒毒副作用小，有机硒化合物的研究成为世界获取富硒食品、富硒药品的重点。研究表明，酵母具有高度富硒能力，以及将无机硒转化为有机硒的能力。Suhajda的研究证明，在合适条件下，酵母菌能够将水溶性硒盐如亚硒酸钠转化为有机态硒化合物并加以吸收。Chassaigne等研究证明，酵母菌中的有机硒代氨基酸主要以硒半胱氨酸和硒蛋氨酸的形式存在。

硒元素广泛分布于岩石、土壤、水体、空气、植物体及动物体的各种环境中，但丰度较低。硒元素在地球内部的丰度为13 μg/g，但在地壳中仅为0.09 μg/g；水体中的硒含量一般不超过10 μg/L，大部分低于3 μg/L，总体上，地下水硒含量略高于地表水；一般来说，沉积岩，尤其是页岩中的硒含量高于岩浆岩及砂岩，尽管如此，岩石中硒含量也很少超过0.1 μg/g。

硒在自然界中一般以分散状态存在，难以形成独立的经济矿床，常与金属硫化物矿床及石煤伴生，主要有硒铜矿、硒铜银矿、硒银铅矿、辉汞矿等。20世纪80年代，玻利维亚的帕卡哈卡发现了小型硒矿床。但除少数地区以硒化矿作为硒资源外，多数硒化矿都因矿石产量少而无工业价值，因此硒的主要来源是金属硫化矿冶炼铜、锌、镍、银等金属时的副产品。据美国矿务局估算，全世界硒的基础储量为13.4万吨，已探明储量仅为7.1万吨。在已探明储量中，美洲最多，占总储量的52.7%，亚洲、非洲各占15.4%，欧洲占12.2%，大洋洲占4.4%。智利、美国、加拿大、中国、赞比亚、扎伊尔、秘鲁、菲律宾、澳大利亚和巴布亚新几内亚等国家的硒资源占世界总储量的80%左右。

另外，硒资源的分布十分不均匀，呈明显的地带性，高硒地区与缺硒地区往往相间分布。全球有40多个国家和地区缺硒，瑞典、芬兰、荷兰、挪威、丹麦和英联邦等欧洲大陆国家，美国、加拿大和墨西哥等美洲国家，以及新西兰、澳大利亚、俄罗斯、中国和日本等国均发生过硒缺乏病。而有些地区又会发生硒中毒，如美国的南达科他州、内布拉斯加州、怀俄明州、亚利桑那州、堪萨斯州、北达科他州、新墨西哥州、蒙塔纳州和犹他州等地区，爱尔兰的利默里克（Limerick）和蒂珀雷里（Tip－perary），以色列的Huleh盆地，澳大利亚的昆士兰州，墨西哥的加纳华托、奇瓦瓦、托雷翁、萨尔提略和墨西哥城等，哥伦比亚，南非，委内瑞拉，俄罗斯，加拿大等。硒中毒区呈分散的灶状分布，范围较小。

二、国外典型地区硒分布情况

世界范围内绝大多数土壤硒含量为0.1～2.0 mg/kg，平均为0.2 mg/kg。低硒或硒缺乏的土壤面积远远大于高硒或硒中毒土壤面积。高硒土壤只在美国北部大平原和西南部10个州的局部地区，爱尔兰的3个县，以及哥伦比亚、委内瑞拉和以色列境内有所报道，这些土壤的平均含硒量为4.0～5.0 mg/kg，个别地区可达80 mg/kg以上。低硒带的分布范围北半球包括欧洲大部尤其地中海国家，经中国、蒙古、俄罗斯、朝鲜、日本、夏威夷州太平洋彼岸的北美大陆北部和东、西海岸；南半球包括非洲南部，经澳洲大陆的西南和东南端与新西兰，到南美洲的智利、阿根廷、巴西南部和乌拉圭全境。世界环境低硒带内土壤含硒量算术平均值为0.150 mg/kg，个别地区低于0.010 mg/kg。石煤中有硒的大量富集，是某些高硒地区土壤硒的主要来源，石煤硒的成因可能是硒在迁移过程中被黏土矿物或有机碳（SOC）吸附，以胶体形式迁移，最终沉积在含碳的地层中。

（一）美国土壤硒分布状况

总体上，美国土壤的硒含量相对较高。具体来说，美国土壤的硒分布也十分不均匀，存在自北部北达科他州向东南的位于中部大平原的富硒带，硒主要分布在中部和中北部的蒙大拿州、北达科他州（美国最早报道硒中毒的州）、南达科他州、艾奥瓦州、科罗拉多州和堪萨斯州。其中艾奥瓦州高硒点分布最多，最高可达0.8 μg/g。另外，硒零星分布于西北的华盛顿州及东北各州，在得克萨斯州、内华达州及俄亥俄州也有分布。而西部洛基山山区（爱达荷州、亚利桑那州和俄勒冈州）及东海岸（佛罗里达州、南卡罗来纳州和佐治亚州）的平原地区，土壤硒含量较低，但也远高于全球平均水平。

美国富硒带的主要土壤类型是黏绨土和栗钙土［由联合国粮农组织（FAO）划分］。这两种土均主要分布在温带半干旱的草原植被下，属于美国的中部大平原。其中黏绨土富含黏土矿物，栗钙土则富含钙镁矿物。说明黏土矿物和钙镁矿物的硒含量确实较高。而东海岸和西海岸主要分布着强淋溶土。两个区域正好是降水量充沛的温带海洋性气候（西海岸）和亚热带湿润气候（东海岸）。因而这种土的淋溶十分强烈，大量固持硒的钙镁物质被淋洗至土壤下层，同时易溶的硒酸盐和亚硒酸盐在这种土壤中移动性也十分强，从而造成了这些地区土壤硒的匮乏。

（二）欧洲硒分布状况

随着人们对硒元素的认识不断提高，许多国家开始对本国硒分布状况做调查。欧洲属于硒缺乏较为严重的地区，且硒的可利用度低。许多欧洲国家如瑞典、丹麦、挪威、芬兰和英国等都陆续报道了本国作物的含硒量。在俄罗斯具有高湿度酸性土壤的欧洲部分，居民血清中硒含量低，并证明血清硒水平与癌症死亡率之间呈负相关。联合国粮农组织欧洲研究网通过研究1989—1995年从德国、西班牙和土耳其收集的有代表性的膳食样品硒含量发现，土耳其居民的硒平均摄入量为23～25 μg/d，德国南部巴伐利亚州的硒摄入水平为35 μg/d。而芬兰几乎是全境缺硒的国家，发现存在严重缺硒问题后，芬兰通过进口高硒小麦和农田普遍施硒肥等措施进行补硒。据资料显示，欧洲各国硒摄入量为英国29～39 μg/d、比利时28～61 μg/d、法国29～43 μg/d、德国（巴伐利亚州）35 μg/d、荷兰67 μg/d、丹麦38～47 μg/d、瑞典38 μg/d、瑞士70 μg/d、波兰11～24 μg/d、斯洛伐克38 μg/d。

（三）非洲硒分布状况

通常来说，土壤硒含量较高的地区，居民的硒摄入量也较多。因此居民的硒饮食摄入量也能反映一个地区的土壤硒分布。对于非洲地区来说，科特迪瓦、尼日利亚、加蓬、纳米比亚和摩洛哥等国家和地区，居民的饮食硒摄入量较高，人均硒摄入量在80 μg/d以上，高于世界卫生组织40 μg/d的推荐值。北非地区和南非居民的日人均摄入量也高于推荐值。而只有中非和西非的少部分国家，居民硒摄入量低于40 μg/d，存在较高的缺硒风险，同时也反映该地区的土壤硒含量相对较低。

第二节　国内土壤硒资源分布状况

一、我国土壤硒资源分布整体情况

我国处于地球北半球的低硒带，全国72%的土壤存在不同程度的缺硒，表层土壤硒含量为0.006～9.13 μg/g，平均为0.290 μg/g。谭见安从我国克山病带和低硒环境的研究出发，划分出我国土壤中硒元素生态景观的界限值，即硒含量小于0.125 μg/g为缺硒，0.125～0.175 μg/g为少硒，0.175～0.40 μg/g为足硒，0.40～3.0 μg/g为富硒，大于3.0 μg/g为硒中毒。

根据这个划分标准，我国东北大部分地区、内蒙古布特哈及陕西黄土高原的耀县、彬县等地土壤中硒含量低于0.125 μg/g,均属典型的缺硒地区。河北的张家口、青藏高原、山西吕梁和湖北三峡库区等地的土壤中硒含量在0.125～0.175 μg/g,属于少硒地区。这些缺硒和少硒地区也是典型的与缺硒有关的疾病(如克山病和大骨节病等)的高发区。土壤富硒区分布于河南郑州和陕西南部,向东延伸至江苏徐州,向西南到贵州的开阳,向东南到福建、广西和香港一带。2010 年,我国在青海海东的平安、乐都一带发现 840 km^2 的富硒土壤,土壤中硒含量均值为 0.44 μg/g;2011 年,在新疆石河子地区探明有近 200 km^2的富硒土壤,硒含量平均值约为0.8 μg/g。中国的硒中毒地区点状分布于低硒带和富硒带内。如湖北恩施和陕西紫阳硒中毒区土壤中硒含量分别高达 27.81 μg/g 和 27.92 μg/g,其土壤均发育自富硒的碳质页岩和石煤上。而最新的研究发现,贵州的部分地区土壤中也含有较高的硒含量,达到了中毒水平,如贵州开阳、万山和清镇地区土壤中硒含量分别高达4.5 μg/g、2.88 μg/g 和 14 μg/g。

某些地区同一省份土壤中硒含量的分布差异也很大,如陕西北部土壤中硒含量在0.095～0.22 μg/g,而在陕西南部的紫阳,硒含量可以高达27.92 μg/g;湖北省也是如此,大部分地方的土壤中硒含量只有0.347 μg/g,而恩施地区土壤中硒含量竟高达27.81 μg/g、另外在河北地区,土壤中硒含量均值为 0.179 μg/g,但是在唐山开滦矿区土壤中硒含量达到0.9 μg/g。

根据中国地质调查局《中国耕地地球化学调查报告(2015 年)》,结合《绿色食品 产地环境质量》(NY/T 391—2013)中重金属评价标准和调查区的土壤硒含量,发现我国有5 244 万亩绿色富硒耕地,主要分布在闽粤琼区、西南区、湘鄂皖赣区、苏浙沪区、晋豫区及西北区。而在我国存在一条从东北三省起斜穿至云贵高原,占我国国土面积72%地区的一条低硒地带(<0.05 μg/g),所跨区域包括黑龙江、吉林、辽宁、北京、山东、内蒙古、甘肃、四川、云南、西藏。其中缺硒区(0.02～0.05 μg/g)占43%,严重缺硒区(<0.02 μg/g)占29%。有近 2/3 的人口普遍缺硒或处于缺硒边缘。

我国最早发现的具有富硒农业地质环境的地区包括湖北恩施、陕西安康、贵州开阳、江西丰城和安徽石台。近年来,通过全国多目标区域地球化学调查发现,湖北、陕西、安徽、贵州、湖南、浙江、江西、四川、重庆、广西、广东、海南、福建、江苏、山东、河北、北京、河南、宁夏、甘肃、青海、新疆、黑龙江、云南等24 个省市自治区均存在天然的富硒土壤。除前述地区外,我国的典型富硒区还包括青海平安、湖南新田、湖南桃源、浙江龙游、山东枣庄、四川万源、广西巴马和重庆江津等地区。这些地区富硒土壤面积广,土壤硒含量高,生态环境适宜,有发展富硒农业的巨大优势。

二、我国各地土壤硒资源分布情况

我国从 1999 年开始部署多目标区域地球化学调查工作,对我国主要农耕区和经济区带的土壤中 54 种元素进行了地球化学分析,对我国土地有益与有害元素进行全面调查与评价,基本查明我国土壤中各种元素的空间分布状况及 18 亿亩土地质量状况,截至 2014

年底已完成调查的面积为 188 万平方千米，基本覆盖了我国主要农耕区。富硒土地资源的调查是多目标区域地球化学调查的重要成果，发现了一大批绿色富硒耕地，为我国富硒特色农业的进一步发展指明了方向。

1999—2001 年为全国多目标区域地球化学调查的试验研究阶段，首先以珠江三角洲、江汉平原和四川盆地进行试点。从 2002 年开始，中国地质调查局与各省（区、市）人民政府以省部合作方式开始全面实施多目标区域地球化学调查，《中华人民共和国多目标区域地球化学图集》作为此调查重要展示成果之一，目前已经出版了包括洞庭湖 - 江汉平原、江苏、四川成都经济区、汾渭盆地、湖南洞庭湖区、安徽江淮流域、福建厦门 - 漳州 - 龙岩地区、吉林中西部、江西鄱阳湖及周边经济区、内蒙古河套农业经济区、湖北江汉流域经济区、山东黄河下游流域、海南、河北平原区及近岸海域、山西黄土高原盆地经济带、黑龙江松嫩平原南部和广东珠江三角洲经济区等区域的多目标区域地球化学图集。

我国国土资源部对各个区域进行了绿色农产品或富硒农产品产地环境质量适宜性评价，对部分地区提出了富硒农产品开发建议。例如，在海南建立 8 个富硒水稻产地条件模型及 3 个富硒水果产地条件模型；把河北平原区及近岸海域硒含量大于 0.4 μg/g 且有害重金属元素未超标的地区定为重要大宗粮食作物、重要瓜果蔬菜种植区，并圈定为富硒土地资源分布区；把安徽江淮流域把土壤富硒（0.4 μg/g）且产出的农产品中重金属和硒含量符合农产品全标准及富硒稻米标准的地区，划分为富硒农产品种植适宜区。

第三节　国外富硒农业的发展历程

由于土壤含硒量的地域性差异，不同国家和地区所种植的农作物中的硒含量也存在差异。加拿大、美国和澳大利亚等国家生产的小麦中硒含量较高，英国和希腊等国家生产的小麦中硒含量较低；美国和印度所生产的大米中硒含量高，而主要的大米生产和消费国如埃及和英国，市场上大米的硒含量都较低。土壤及谷物中硒含量的差异直接影响不同国家和地区居民的硒摄入量。据统计，全世界有 40 多个国家和地区，约 10 亿人处于硒营养缺乏的状态。

世界不同国家和地区居民的硒摄入量相差幅度较大。沙特阿拉伯、捷克、新几内亚、尼泊尔、克罗地亚和埃及等地均发生过缺硒导致的克山病，病区居民硒摄入量低于 30 μg/d；埃及、比利时、巴黎、英国、法国、塞尔维亚、斯洛文尼亚、土耳其、波兰、西班牙、葡萄牙、丹麦、斯洛伐克、希腊、荷兰、意大利、奥地利和爱尔兰等国家存在居民人均硒摄入量小于世界卫生组织推荐值 55 μg/d 的硒缺乏地区；韩国、澳大利亚、新西兰、瑞士和芬兰居民硒摄入量在 55 ~ 100 μg/d，属于低硒到中硒地区。日本、美国和加拿大是中高硒地区，居民的硒摄入量为 100 ~ 200 μg/d。委内瑞拉居民平均硒摄入量为 200 ~ 350 μg/d，是高硒地区。

许多国家已经在大范围内推广通过生物强化作用（如施用硒肥）来提高农产品中硒

含量的措施。在国外的富硒农业快速发展中，芬兰是世界上最早也是最成功的利用生物强化法来提高农作物中硒含量的，其是世界范围内实行全民补硒的一个成功案例。芬兰是天然缺硒的国家，且其土壤中硒的可利用率很低。20 世纪 70 年代，芬兰居民人均硒摄入量不足 30 μg/d，远低于推荐用量。1984 年，芬兰国家强制性法案要求肥料中添加硒，以此来提高农作物中的硒含量，从而增加居民饮食中的硒摄入量。1984—2001 年，芬兰施加了含硒酸盐的肥料后，农产品中的硒含量显著提高，春小麦和冬小麦中硒的含量分别提高了 13 倍和 10 ~ 12 倍，芬兰居民的硒摄入量也从最初的 25 μg/d 提高到了 125 μg/d。

第四节　国内富硒农业的发展历程

硒是人体必需的微量营养元素，且人体不能自身合成，所需的硒元素主要通过饮食摄入。过去普遍采用口服亚硒酸钠的药物或食盐来提高人体硒含量，但是由于无机硒的利用率低且毒性较大，2013 年 1 月我国《食品安全国家标准 食品营养强化剂使用标准》(GB 14880—2012)及增补公告规定禁止在食盐中添加亚硒酸钠。而对于有机态的硒来说，有机硒的生物有效性高，且毒性显著小于无机硒，因此通过农作物的吸收富集作用生产富硒农产品可以有效地增加人体硒吸收量，且方便安全、效果好、成本低，适合长期食用和推广。近年来，发展富硒农业已经成为发展特色农业和生态农业的新增长点。我国的湖北、陕西、江西、广西、青海和湖南等省(自治区)已将开发富硒农产品作为实施农业强省战略的一项重要工作。这些地区通过大力开发富硒特色耕地，已经形成了一些特色农产品产业链，取得了一定的经济效益和社会效益。

一、我国富硒农业的起步

自 20 世纪 70 年代起，硒对人体健康的作用开始得到关注。1973 年，Ro - truck 和 Flohe 等确定硒是谷胱甘肽过氧化物酶的组成成分。同年，世界卫生组织正式宣布硒为人体和动物生命活动所必需的微量营养元素。20 世纪七八十年代，人们发现我国许多地方性疾病(如克山病、启东市肝癌、浙江嘉善结肠癌和大骨节病等)都与人体缺硒密切相关，于是开始尝试利用补硒来预防克山病和癌症的试验。这时，主要的硒补充剂为亚硒酸钠强化食盐(无机硒形式)和硒酵母(有机硒形式)。这一时期，我国在大规模范围内进行了利用亚硒酸盐预防克山病、癌症和大骨节病的试验，数十万居民采取了口服亚硒酸钠的预防措施，发病率显著降低，引起了国际科学界的高度重视。1983 年，国内开始利用硒酵母开展动物实验，证实硒酵母对大鼠肺癌具有显著抑制作用。1988 年，中国营养学会将硒列为人体所必需的 15 种营养元素之一。1989 年，人体对硒的适宜和安全摄入量正式确定。

二、我国富硒农业的发展现状

进入21世纪以来，全国范围内掀起了富硒开发的热潮，居民补硒意识提高，我国富硒产品市场逐渐兴起，富硒产品多样、技术水平不断提高，富硒农业已初步形成规模化、产业化。我国富硒农业发展较好的有湖北恩施、陕西紫阳、江西丰城、湖南桃源和新田、山东博山和淄川、福建寿宁、福建诏安和福建连城农产品产业链，均取得了一定的经济效益和社会效益。

（一）我国富硒农业初步形成规模化、产业化

近年来，发展富硒农业已成为发展特色农业和生态农业的新增长点，目前全国许多富硒农业发展地区通过大力开发富硒特色耕地，形成了一些特色农产品产业链，取得了一定的经济效益和社会效益。被誉为“世界硒都”的湖北恩施是国内富硒土壤面积最大、土壤硒含量最高、富硒产品开发最早的地方。早在1989年，恩施就与国内外相关企业、科研单位合作进行硒资源的开发利用。目前，全州已建成特色农产品基地500多万亩，从事硒产品生产、加工、流通的企业和专业合作社共有156家，有中国驰名商标4件、湖北著名商标50件、湖北著名产品42个、“三品一标”387个。截至2012年，恩施富硒产业总产值达88亿元规模以上富硒食品企业约30家。2014年，恩施开始举办富硒农产品博览会，每年举办一届，极大地拉动了恩施富硒农产品的销售。据恩施统计局的统计数据显示，2015底恩施硒农业产值达到185.14亿元，硒产业产值达到330亿元；2016年恩施硒农业产值达到222.51亿元，硒产业产值达到381.91亿元，恩施硒农业产值占农业产业产值的一半以上。

（二）富硒技术水平不断提高

以富硒技术在大豆种植中的应用为例，大豆富硒肥是一种专门用于种植富硒大豆的硒肥，可用于黄豆、绿豆、红豆等作物。大豆富硒肥的施肥方式有两种，一种是根施大豆富硒肥，主要是给土壤补硒，然后由根部吸收，最后再传输到果实中。另外一种是叶面喷施，大豆经过光合作用转化，使体内富含微量元素硒。两种方式都可以种植富硒大豆，但是从成本和便捷性来说，叶面富硒肥成本更低，使用更方便，因此非常受广大农户喜爱。

大豆专用富硒肥的作用是能显著提高豆类的抗病性，增强光合作用，增加粒重，增产10% ~20%，能有效抑制砷、铅、镉、汞等重金属的吸收，提升产品价值，产品中蛋白硒的含量为40 ~300 μg/kg。

第五节　国外富硒农产品发展情况

土壤中的硒主要是无机硒，无机硒被植物、微生物吸收后转化为有机硒。相比无机硒，有机硒对人体的毒性更小，且利用率更高，因此从食物中尤其是农产品中摄取有机硒

是人体补充硒的有效途径。

目前，在美国、日本、韩国、马来西亚、澳大利亚、俄罗斯、西欧等国家和地区，富硒谷物如富硒小麦、富硒黑麦、富硒水稻，以及富硒畜产品如富硒牛奶、富硒猪肉、富硒鸡蛋等均已成功上市。另外，还有富硒果汁、富硒牧草、富硒奶、富硒啤酒、富硒饼干和富硒牛肉干等产品。其中，富硒小麦、富硒鸡蛋、富硒肉类、富硒食用菌及富硒酵母片是重要的富硒农产品。

（1）富硒小麦。在美国、欧洲等以面包为主食的国家和地区，小麦中的含硒量对居民硒摄入量的影响非常大，如小麦提供了澳大利亚居民近一半的硒摄入量。因此，富硒小麦的开发与推广力度比较大。

（2）富硒鸡蛋。在有机体中，硒与蛋白质结合，富含蛋白质的食物中往往也富含硒。在大多数国家，鸡蛋都是被广泛、经常性食用的食物，并且价格低廉。通过食用鸡蛋补硒也是很安全的，每天食用超过 25 枚鸡蛋才会超过人体安全摄入量。而且，鸡蛋中也富含其他营养物质。因此，鸡蛋是居民补充硒的理想选择。如今，世界范围内超过 25 个国家在生产富硒鸡蛋，尤其以东欧国家的发展最为迅速。俄罗斯是此产业最发达的国家之一，其 40% 的养鸡场生产各种“功能性鸡蛋”（富含硒、维生素等营养物质），其中有多家养鸡场专门生产富硒鸡蛋并形成了自己的品牌。

（3）富硒肉类。肉类也是人体的重要硒源。但是肉中的硒含量因地理位置不同而有着很大差异。例如，英国、澳大利亚和美国生产的猪肉中硒含量分别为 140 μg/kg、94 ~ 205 μg/kg 和 144 ~ 450 μg/kg，而牛肉中硒含量分别为英国 30 ~ 76 μg/kg、新西兰 22 ~ 83 μg/kg、澳大利亚 72 ~ 121 μg/kg 及美国 134 ~ 190 μg/kg。美国北达科他州牛肉中的硒含量甚至可以达到 670 μg/kg，欧洲和亚洲国家牛肉的硒含量则要低于美国。研究表明，这些肉中的硒以代蛋氨酸的形式存在，而动物自身不能合成硒代蛋氨酸，只能通过食用植物摄取。因此，给牲畜饲料添加无机硒的做法是不可取的，应该通过给饲料添加有机硒尤其是硒代蛋氨酸来提高肉中的硒含量。

（4）富硒食用菌。在国外的富硒产品中，食用菌作为一种健康的食物，也是富硒和补硒的一个好选择。食用菌中的硒含量普遍高于蔬菜，可以达到 20 μg/g。在充足硒源条件下生长收获的富硒食用菌早已被认定是富硒功能食品。

（5）富硒酵母片。在美国等国家，大约一半的居民食用保健品，富硒保健品也因此成为补充硒元素的一个重要途径。目前，市场上的含硒保健品品牌较多，但大部分产品都是以富硒酵母制成的，以有机硒的形式存在。例如，丹麦法尔诺德硒片，含硒量为每片 93 μg，是对富硒酵母中的有机硒进行提取纯化制成；美国 GNC 硒片，含硒量为每片 200 μg，由富硒酵母制成；美国普丽普莱硒片，是天然酵母硒，含硒量为每片 200 μg；瑞典 life 富硒酵母片，含硒量为每片 100 μg；德国双心矿物质硒双重缓释，含硒量为每片50 μg；德国双心锌硒宝胶囊，含硒量为每粒 27.5 μg，等等。

然而，硒也不是越多越好，过高的摄入量会导致硒中毒。加拿大对于补硒保健品有着严格的规定，所有保健品必须按照加拿大食品药品法的天然保健品规程登记，并且保健品限定于二氧化硒、柠檬酸硒、含硒动物蛋白、含硒植物蛋白、硒代半胱氨酸、硒代蛋氨酸、硒酸钠和亚硒酸钠。另外，加拿大只允许成人服用补硒保健品，19 岁以上成年人硒推荐摄入量为 55 μg/d，其中孕妇（19～50 岁）硒推荐摄入量为 60 μg/d，哺乳期妇女（19～50 岁）硒推荐摄入量为 70 μg/d，并且设定了 400 μg/d 的日摄入量最大值（加拿大卫生部）。英国营养参考摄取量建议硒的男女摄取量分别为 75 μg/d 和 60 μg/d。联合国粮农组织/世界卫生组织和美国也设定了各个年龄段的男性与女性推荐硒摄入量。

不同国家根据本国的实际情况，在补硒产品上硒含量存在较大差异。整体来看，不同农产品中硒含量存在较大差异，其中海产、鱼类和畜禽产品硒含量较高，水果蔬菜等含水量较高的农产品硒含量较低。对比国际平均水平及美国、印度等国农产品中的硒含量发现，印度各类农产品中硒含量基本低于美国及国际平均水平，美国在水果、蔬菜、海产、鱼类和畜禽产品中硒含量高于国际平均水平，其他农产品中硒含量比国际平均水平低。另外，补硒水平与国家的发展水平之间也存在着一定关系。

第六节　我国富硒农产品发展布局及趋势

一、我国富硒农业的发展前景

截至 2007 年底，我国保有硒资源储量为 15 600 t，其中基础储量为 330 t，资源量为 15 270 t，是世界主要的硒资源国之一。但我国硒资源分布严重不均，从富硒土壤面积来看，我国也是缺硒大国，72% 的县（市）属于低硒或缺硒地区。人体自身无法合成硒，必须从外界摄入，而农产品是重要的硒源。从我国居民营养膳食结构的现状和要求来看，补硒是一种必然的趋势，而人体对不同形式、不同来源硒的代谢途径是完全不同的。补硒的途径主要是食补（富硒食物）和药补（含硒药品），相比药补，食补是目前最科学、最安全的人体补硒途径之一。食补主要是通过发展富硒农业、开发富硒农产品、提高食物链中“硒”的水平。但目前我国的富硒产业仍处于起步阶段，整体规模不大，发展较好的地区多为土壤天然富硒区。总体来看，我国富硒农产品有相当大的市场需求。另外，政府对富硒农业的发展也高度重视，一些地区成立了富硒农产品开发技术小组，在鼓励农民或企业开发种植富硒农作物的同时，在资金上也给以大力支持。

二、我国富硒农产品发展布局及趋势

我国富硒农业尚处于起步阶段，相应的研究还较少，统计数据不多，经济需求分析较少。湖北恩施，陕西紫阳、汉阴等富硒区域，大多属于我国经济不发达的老、少、边、远地区，这些地区率先通过大力发展富硒农产品，变富硒资源为富硒农产品高收益的经济优

势，开启了富硒农产品开发与推广的创新现代农业发展之路。近年来，我国的富硒农产品开发与推广工作无论是在天然富硒区还是缺硒区，都有了较快的发展。

(一)富硒食品

富硒食品是遵循我国特有的天然富硒带所产富硒食品可持续经营原则，在优良的生态环境下，按照特定生产方式生产的无污染、安全、优质的食用类富硒食品，包括水果、蔬菜、药材、粮油、干果、肉蛋类等。

王庆华基于硒的生物学作用将富硒产品分为三类，天然富硒产品（如富硒茶、富硒矿泉水），添加强化硒的富硒产品（如乳饮料、乳制品、豆奶、饼干等）和人工转化的富硒产品（微生物转化法生产、植物转化法生产、动物转化法生产）。其认为当前富硒食品的技术含量大多偏低，技术水平有待提高，科学论证富硒食品的转化机制是今后科研的一个方向。

富硒农产品开发工作得到政府普遍重视，开发势头迅猛。目前，我国开发富硒农产品的地区有湖北、贵州、黑龙江、陕西、山东、浙江、安徽、江苏、辽宁、四川和天津等；主要农产品有富硒大米、富硒蔬菜、富硒茶叶、富硒食用菌、富硒玉米、富硒水果、富硒魔芋、富硒家禽和禽蛋等40多种。江西、海南、青海等省区利用其部分富硒资源提出打造“硒都”“硒谷”的富硒农产品发展目标；广西则提出力争2013—2018年内建成全国最大富硒农产品产业基地，打造广西富硒农产品品牌，建立完善销售网络体系；2013年，湖南新田县也利用其富硒土壤资源，投资5亿元打造湖南首个富硒农产品加工园。2016—2019年，黑龙江富硒农产品的总产量为4万多吨，共计产值是6.5亿元，使广大农户获得了较多的经济收入。

2015年1月18日，25个富硒地区代表在恩施签署了《关于推进中国硒产业发展合作框架协议》。2015年6月9日，由国内从事富硒农业相关的骨干企业、高等院校、科研院所和科技服务机构等联合发起成立了中国富硒农业产业技术创新联盟，致力于推动富硒农业技术创新与产业健康规范发展。

由于全民补硒的意识还没有形成，富硒产品主要面向高端消费群体。蒋婷等经过调查得出人们对于富硒产品的接受程度与收入、文化水平大致呈正相关。这为富硒产品营销策略提供了重要参考。

我国富硒农业产业化发展的过程当中，有更多的企业意识到富硒产品的重要价值，很多企业参与到其中，增加了富硒产品的开发范围，加快了开发速度。现阶段，已有很多企业成为富硒产品开发的重要支撑。我国农业农村部相关部门亦将富硒农产品的开发项目融入预算内容当中，截至2019年，投入资金约1 000万元，构建了富硒农产品的生产示范基地共80个。借助此项举措，扩大了当地富硒农产品的开发范围，对周围地区的经济发展起到了促进作用。

吴文良等在对江西丰城富硒产业发展研究中提出发展富硒农产品、食品深加工业、高技术产品转化产业、生态旅游业等四大产业集群，打造富硒产品生产、加工、旅游、教育为

一体的生态富硒产业走廊；于永超等认为要建立垂直式产业链模式，加强上中下游产业间的协作，构建产业链核心竞争力。

（二）富硒农业品牌研究

富硒农产品的开发与生产不断走向标准化、品牌化，各地为了适应企业产业化开发的需要，有针对性地制定了有关农产品中的硒含量标准，富硒大米、富硒果品、富硒蔬菜及深加工产品、富硒茶品、富硒药品、保健品等产品生产逐渐向专业化、产业化发展，打造出了多个富硒品牌。北京、上海等地依托先进的技术和雄厚的资金，对富硒保健品开发较多。恩施、安康等大面积富硒地区对富硒产品的开发层次较高，规模较大。2015 年，恩施玉露、恩施富硒茶品牌价值分别被中国茶叶品牌价值评估课题组评估为 10.82 亿元和 9.43 亿元，跻身全国茶叶品牌 50 强。各地的富硒农产品生产均制定了相应的《富硒农产品生产技术操作规程》，富硒饲料、硒矿粉、硒复合肥料，以及富硒营养剂的生产和施用不断标准化，使富硒农产品生产的增硒方式更加规范和安全。据资料显示，我国已有硒产品开发专利 300 多项，其中 15 项专利获得国际授权。全国生产硒产品的企业约有 300 多家；有国家和行业标准 5 项、省级地方标准 5 项及若干企业标准。富硒农产品是高科技的新型产品，优质优价。市场应采用公司 + 科技 + 基地（合作社、协会）+ 农户的组织形式，公司与农户结成经济利益共同体，风险共担，统一生产标准，共同开发市场。

（三）富硒农业科技研发

杨行玉认为陕西省富硒科技资源整合形成了以产业为依托、以政府为主导、以企业为主体、以地方高校为平台支撑的科技创新资源整合模式，有效地推进了区域特色产业升级发展。杨行玉等认为政府、相关科研单位、质检部门要做好硒资源普查、天然富硒食品标志制度制定、富硒资源开发技术平台建设、制定实施富硒食品硒含量分类标准等工作，多渠道筹措资金，加大富硒产业科技支撑的资金投入。陈绪敖主张要利用好现代农业科技，将绿色农业技术、绿色农产品加工技术、现代生物技术和工业设备与文化创意、文化艺术活动有机结合起来，构筑多层次、无公害、具有地域特色、彼此良性互动的绿色农业产业价值体系，提高区域富硒食品的市场竞争力。

第三章　富硒大豆的研究进展

第一节　大豆的营养成分与研究现状

大豆(*Glycine max*)是世界上最重要的食品原料之一,可以直接食用或加工成植物油、豆浆、婴儿配方食物、豆腐、大豆粉等多种类型的食物;蛋白含量[①]可达35%～40%,可为人体的营养提供必需的氨基酸,是一种良好的动物蛋白替代品。大豆在全国普遍种植,在东北、华北、陕、川及长江下游地区均有出产,以长江流域及西南种植较多。大豆种子是典型的双子叶无胚乳种子,由种皮、胚根、胚轴、胚芽和子叶构成,各部位的化学组成是不相同的。大豆种子的主要化学成分包括蛋白质、脂肪、碳水化合物、矿物质及微量元素、维生素等。

一、大豆的主要成分

大豆含丰富的维生素和钾、钠、钙、铁、磷等多种矿物质元素,并且含有大豆低聚糖、大豆异黄酮、大豆皂苷等多种生理活性物质,营养价值非其他植物性食品可比。

(一)蛋白质和氨基酸

大豆中蛋白质的含量为20%～40%,为谷类的2～3倍,其中水溶性蛋白质约占86%～88%,球蛋白是其主要成分,约占水溶性蛋白的85%。大豆蛋白质的氨基酸组成是很全面的,主要含有谷氨酸和天冬氨酸,赖氨酸含量也较丰富,极大地弥补了谷类食物中赖氨酸的不足。

(二)脂肪和脂肪酸

大豆油的主要成分是由甘油与脂肪酸所形成的甘油脂肪酸酯组成,种类多达10种以上。不饱和脂肪酸的含量很高,达80%以上,属于半干性油脂。大豆油中的亚油酸和亚麻酸是必需脂肪酸,能够改善胆固醇代谢,预防动脉硬化,贮存能量,防止肾功能衰退,生殖功能丧失,预防内循环系统疾病。

(三)碳水化合物

大豆中约含25%的碳水化合物,其组成比较复杂,主要由蔗糖、棉籽糖、水苏糖、毛蕊

---

① 文中涉及百分数处含量如无特殊说明均为质量分数。

花糖等寡糖类和阿拉伯半乳聚糖等多糖类组成，成熟的大豆几乎不含淀粉（0.4% ~ 0.9%），这不同于其他谷物。大豆中的碳水化合物除蔗糖及淀粉外其余均不能被人体利用，因此大豆中的碳水化合物不能成为人体需要的主要营养物质。但大豆低聚糖却对人体具有极好的生理功能。

（四）矿物质元素

大豆中的矿物质元素含量比较多，有10多种，总量为4.4% ~5%，其中钙的含量较高，约为大米的40倍。其他元素如磷、钾、镁、铁等含量也较高，另外还有钠、锰、锌、铝、铜等无机盐类。由于大豆中存在植酸，某些金属元素如钙、锌、铁和植酸形成不溶性植酸盐，妨碍了人体对这些元素的消化利用。

二、大豆的功能成分

（一）大豆多肽

大豆多肽的必需氨基酸组成与大豆蛋白质完全一样，含量丰富而平衡，且多肽化合物易被人体消化吸收，具有防病、治病、调节人体生理机能的作用。

（二）大豆异黄酮

大豆异黄酮（soy isoflavone）是大豆生长过程中形成的次级代谢产物，其生物活性主要表现在植物雌激素样作用。大豆异黄酮以结合型的糖苷和游离型的苷元形式存在，主要成分为大豆素（daidzein）、染料木素（genistein）、黄豆黄素（glycitein）。其主要分布在大豆种子和胚轴中，子叶中含量为0.1% ~0.3%，胚轴中含量为1% ~2%，由于子叶占大豆籽粒重的95%以上，因此大豆异黄酮主要分布在大豆子叶中，种皮中含量极少。

（三）大豆皂苷

大豆皂苷（soybean saponins）是皂苷类化合物的一种，具有抗氧化、抗肿瘤，免疫调节等多种生物活性。其在大豆中含量为0.1% ~0.5%，子叶中含量为0.2% ~0.5%，下胚轴中含量高达2%。它也是引起大豆食品产生苦涩味的因子之一。

（四）大豆低聚糖

大豆低聚糖具有促进双歧杆菌增殖、抑制肠道内有毒物质产生的功能。我们通常所说的大豆低聚糖包括蔗糖、棉子糖和水苏糖，三者在大豆中的含量分别为5%、1%和4%。大豆低聚糖的含量受遗传因素和生长时期的影响，在大豆成熟时，大豆低聚糖的含量才有显著的增加，但又随着大豆的发芽而减少。

（五）大豆膳食纤维

大豆膳食纤维是指大豆中不被人体消化酶所消化的高分子糖类的总称，主要包括纤维素、果胶质、木聚糖、甘露糖等。大豆膳食纤维具有调节血脂、降低胆固醇，改善大肠功能等生物活性。

三、大豆研究现状

(一)传统大豆制品

传统大豆制品都是用全大豆制成,可以分为两类:非发酵豆制品和发酵豆制品。非发酵豆制品的生产基本上都经过清洗、浸泡、磨浆、除渣、煮浆及成型工序,产品的物态多属于蛋白质凝胶,如豆浆、豆腐、腐竹等;发酵豆制品的生产需经过一个或几个特殊的生物发酵过程,产品具有特定的形态和风味,包括酱油、豆酱、丹贝、纳豆等。

(二)新兴大豆制品

新兴大豆制品包括油脂类制品、蛋白类制品及全豆类制品,如大豆肽和水解蛋白产品、大豆仿肉制品、大豆磷脂食品、大豆异黄酮产品、大豆纤维食品等。美国大力发展大豆蛋白生产,如脱脂大豆粉、浓缩大豆蛋白、分离大豆蛋白和组织状大豆蛋白等。这些产品去除了大豆中胰蛋白酶抑制素、凝血素、皂角苷、肠胃产气因素等抗营养成分,成为受大众欢迎的食品。美国的大豆制品广泛应用于食品、化工、医药等领域,仅添加大豆蛋白的食品就达 2 500 多种。

第二节　富硒大豆的研究进展

自 20 世纪 90 年代硒的抗癌效果被证明后,作为人体必需营养元素之一的硒被广泛研究,人们寻找最佳补硒途径的步伐持续前进。必需微量营养素硒对动物和人类有着重要的营养作用,但是过量的硒会引起中毒,有益的硒摄入量对人类健康发挥着积极的作用。种植富硒植物有很多益处:一是植物富集硒可以提高硒缺乏地区哺乳动物饮食中的硒含量;二是富硒植物产生的某些硒代谢物具有很高的营养价值,如大蒜、洋葱、西兰花和甘蓝等富硒植物的主要硒代谢物是 L－硒甲基硒代半胱氨酸,据报告它预防化学癌症的作用比其他硒化合物强;三是硒污染地区可以通过种植富集能力强的土生植物或水培植物来隔离硒的污染。前人大量研究了植物中硒的不同形态及主要食物来源,而且已经完成了部分富硒谷物和富硒蔬菜中硒形态的检测,但是目前富硒大豆中的硒形态研究由于检测设备、方法的限制,深度与水平还有待提高。

自 2010 年起,对大米、花生、大豆、茶叶、菜籽、肉牛、牛奶、禽蛋、淡水鱼、蔬菜、瓜果等几十个动植物品种进行上千次的硒含量测试中发现,高蛋白含量的生物体更容易转化和存储硒。从测试数据可以看出,大豆可以大量富集硒,一些样品总硒含量可达 339 μg/kg,是普通不富硒大豆总硒含量的 10 多倍。大豆的高蛋白生产水平和合理富集硒能力,表明它可能是一种寻找硒蛋白的较佳选择。

一、大豆硒蛋白的研究进展

大豆富集的硒80%与蛋白结合,其中近82%的硒是以硒代半胱氨酸(SeCys)和硒代蛋氨酸(SeMet)的高分子量形态存在。另一方面大豆硒蛋白的生物利用率可高达86%~96%,所以富硒大豆具有作为新型富硒产品的天然优势。含硒蛋白是一种肽链结合了含硒氨基酸的蛋白,众所周知,在植物中SeCys和SeMet可以分别通过硫代谢方式竞争和替代半胱氨酸、甲硫氨酸,这种非特异性结合过程中产生的含硒蛋白中部分硫原子被硒吸收。然而,由于植物中蛋白质及DNA序列的研究没有明确检测出必需硒蛋白的存在,所以尚未完全认识植物体中硒是否为必需微量营养素。Lobinski等检测出了存在于富硒酵母中的数百种含硒蛋白,对于多种硒肽,他们发现一种含有蛋氨酸的相应野生型肽位于含硒蛋氨酸上。Lobinski在巴西坚果的2S蛋白中同样发现含硒蛋白肽的存在。另外,科学家们已经提出植物可以利用加入的特定硒来合成硒蛋白,其中SeCys由UGA密码子编码,衣藻中已发现一个UGA密码子可以解码SeCys,这揭示了必需硒蛋白的存在。更值得一提的是,体积排阻色谱法(SEC)用于检测硒形态时发现高分子硒存在于不同类型的植物中。尽管在酵母和藻类方面富硒蛋白研究已经取得了一些进展,但存在于陆生植物中的含硒蛋白仍需要进一步深入研究。

1995年,科学家们首次利用了LC和GC-MS联用在大豆中检测出蛋氨酸,紧接着采用HG-AFS检测出富硒大豆总硒含量。Yathavakilla和Caruso在最近的研究中,通过HPLC-ICP-MS在施予硒的大豆根部检测出了几种硒化合物,大豆种子对硒的富集作用尤为明显,从而为提高食品中硒含量提供了可能。ICP-MS作为元素形态检测的最佳手段,是一种使用广泛、敏感度高的检测硒元素方法,然而高能等离子体会生成元素离子致使ICP-MS不能应用于结构表征,但是HPLC-ICP-MS联用可以检测复杂环境中微量硒的形态,因此,Chan等通过MS和ESI-ITMS完善ICP-MS对元素的检测,分别检测了富硒大豆中豆、豆荚、叶和根四个部位硒的形态并分别采用体积排阻色谱法和离子对反相高效液相色谱法研究了高分子量和低分子量硒化合物的硒形态分布。HPLC-ICP-MS和ESI-ITMS检测结果表明,根、茎、叶三部分主要富集无机硒、SeCys2(SeCys的氧化产物)和一种未知硒形态在内的三种小分子量硒化物,其中无机硒形态所占比例最大;大豆种子中SeCys2和SeMet约占总硒蛋白的74%,MeSeCys约占9%,无机硒最少。运用二维HPLC-ICP-MS、SEC和AEX等方法对各种硒形态进行高度分离,并借助HPLC-ESI-ITMS对其进行蛋白组学鉴定,结果证明了富硒大豆中含硒蛋白的存在。

另外,还有一些其他关于大豆中硒蛋白的研究。Yasumoto等于1988年获知SeMet至少是大豆中硒的一种主要存在形态,约占60%,但硒形态测定前没有对大豆硒蛋白组分进行纯化分离;Sathe等研究发现大豆凝集素中的硒蛋白仅以SeMet存在;谢申猛等通过SDS-PAGE-HPLC方法检测分离了13种大豆硒蛋白。

二、硒－蛋白结构稳定性研究进展

硒是谷胱甘肽过氧化物酶中的重要成分，它催化过氧化物还原，其生物化学作用主要是抗氧化。研究发现，硒元素也可以显著地提高富硒植物蛋白组分的抗氧化活性，虽然富硒植物蛋白抗氧化的机制暂时还不清楚，但其活性与硒密切相关，甚至呈现很好的量效关系。大豆蛋白被氧化主要发生在两个过程：一是因为大豆油提取过程中大豆的结构被破坏，所以多不饱和脂肪酸（PUFA）会与脂肪氧合酶发生脂质过氧化反应，从而产生一些导致大豆蛋白氧化的产物，如自由基 OH 和次生氧化产物醛类；二是豆粕储存过程中，未反应的脂质会被脂肪氧合酶催化，从而产生活性氧自由基（ROS），为大豆蛋白氧化提供了条件。综合以上两个过程，所得到的氧化大豆蛋白在结构和性质方面可能发生了一定程度的变化。

可反应基团平均分布模型认为大豆蛋白中可反应基团平均分布，在球蛋白表面含有的可反应基团数量最多，随着半径的缩小，球蛋白内部含有可反应基团的数量逐渐减少。球蛋白内部分布的可反应基团是以潜在可反应基团的形式存在的，即只有暴露出来和氧化剂接触才能被氧化，氧化剂首先与球蛋白表面可反应基团反应，使得蛋白质结构部分去折叠，导致球蛋白内部潜在的可反应基团被氧化，球蛋白内部可反应基团数量由表及里逐渐减少。因此随着氧化剂浓度的增加，蛋白质结构去折叠导致可反应基团在数量上逐渐增加，但增加的幅度却逐渐下降。蛋白质氧化使得蛋白质发生部分去折叠反应，暴露出来的基团一方面进一步被氧化修饰，另一方面通过疏水相互作用和静电相互作用等次级键形成氧化聚集体。当蛋白质氧化程度很低时，共价交联不显著，主要是次级键参与可溶性氧化聚集体的形成，此时的聚集行为称为初级聚集；当蛋白质氧化程度逐渐增大并开始发生共价交联时，初级聚集体在共价交联的驱动下进一步聚集，可溶聚集体含量快速增加，当共价交联反应在较大程度上发生时，初级聚集体最终发展成为不可溶性聚集体。

第四章　黑龙江省土壤富硒分布与富硒大豆研究

第一节　黑龙江省土壤富硒区域概况

一、供试土壤理化性质

供试土壤理化性质如表 4－1 所示，其中 n 为样品数。

表 4－1　供试土壤理化性质（n＝370）

土壤属性	平均值	变幅	标准差	变异系数/%
pH（H_2O）	7.10	5.08～11.44	1.09	15.37
有机碳/（$g \cdot kg^{-1}$）	25.10	2.45～100.80	12.67	50.49
黏粒/%	14.61	5.93～28.95	3.54	24.23
粉粒/%	57.32	36.71～80.07	8.68	15.15
砂粒/%	28.07	0.53～56.33	10.99	39.14

二、黑龙江省表层土壤硒含量

我国土壤硒含量分布极不均匀，既有严重缺硒地区（如黑龙江克山、陕西与河北等地），也有高硒地区（如湖北恩施、陕西紫阳等地）。谭见安等对我国硒元素生态景观安全阈值划分为 5 类，即过量硒土壤（＞3.000 mg/kg）、高硒土壤（0.400～3.000 mg/kg）、中等硒土壤（0.175～0.400 mg/kg）、边缘硒土壤（0.125～0.175 mg/kg）和缺硒土壤（＜0.125 mg/kg）（表 4－2）。结合表 4－2 与表 4－3 可以看出，黑龙江省绝大多数土壤（70.54%）属于缺硒及潜在缺硒土壤范畴，28.38% 的土壤处于中等硒含量水平，存在少量高硒土壤（1.08%），几乎不存在硒毒土壤。

表 4-2　表层土壤硒安全阈值

土壤范畴	硒浓度阈值/(mg·kg⁻¹)	效应	黑龙江省土壤硒分布/%
缺硒	<0.125	硒缺乏	46.76
边缘	0.125~0.175	潜在缺硒	23.78
中等	0.175~0.400	足硒	28.38
高硒	0.400~3.000	富硒	1.08
过量	>3.000	硒中毒	0

表 4-3　黑龙江省表层土壤硒含量与其他地区比较

地区	平均值/(mg·kg⁻¹)	变幅/(mg·kg⁻¹)
黑龙江	0.147	0.008~0.660
东北地区	0.108	0.015~0.540
河北张家口	0.136	0.043~0.263
青藏高原克山病区	0.130	0.050~0.260
湖北恩施	9.360	2.700~87.3
香港	0.760	0.070~2.260
内地	0.290	0.050~0.990
世界	0.200	—

剔除黑龙江省全部土壤样品异常值，统计的 370 个土壤样品中硒含量平均值为 0.147 mg/kg，变幅为 0.008~0.660 mg/kg，平均值略高于我国东北地区，与同为低硒带上的河北张家口低硒病区和青藏高原克山病区相比较为接近，远低于湖北恩施硒毒地区，低于香港富硒地区，同时低于我国内地及世界土壤平均硒含量。

研究表明，可以考虑通过补充外源硒的方法给当地谷物富硒，以提高居民人体硒含量。

三、黑龙江省土壤硒分布

（一）不同类型土壤硒分布

硒在不同类型土壤中分布差异显著，具体如表 4-4 所示，表现为：盐碱土<沙土<针叶林土<黑钙土<白浆土<黑土<草甸土<沼泽土<暗棕壤<泥炭土。这一研究结果与日本学者 Hidekazu 的研究相一致，即由于泥炭土含有大量的有机质，酸度高，保水保肥能力强，有利于硒酸盐等物质的积累。方差分析表明：泥炭土硒含量显著高于研究区其他类型土壤（$P<0.05$）。在所有土壤类型中，暗棕壤硒含量变化幅度最大（变异系数为 69.64%），这是由于暗棕壤区地形复杂，农业开垦时间长短不一，加之农业利用方式多样

性，使得该土壤硒含量的变异系数偏高。

表 4-4　黑龙江省不同类型土壤全硒分布

土壤类型	成土母质	样本数/个	平均值±标准差/(mg·kg⁻¹)	变幅/(mg·kg⁻¹)	变异系数/%
盐碱土	河湖沉积物	8	0.097±0.05	0.025～0.171	55.74
沙土	风积、冲积物	5	0.099±0.05	0.036～0.156	48.48
针叶林土	花岗岩和玄武岩风化物	12	0.121±0.06	0.014～0.210	48.60
黑钙土	火山岩风化物、淤积物	17	0.123±0.03	0.081～0.181	22.73
白浆土	河湖黏土沉积物	18	0.139±0.06	0.029～0.265	40.01
黑土	黄土状母质	164	0.140±0.08	0.011～0.475	56.65
草甸土	冲积、洪积物	65	0.147±0.08	0.008～0.374	52.17
沼泽土	河湖黏土沉积物	5	0.156±0.07	0.063～0.220	44.58
暗棕壤	花岗岩和玄武岩风化物	70	0.175±0.12	0.039～0.660	69.64
泥炭土	河湖沉积物	6	0.273±0.01	0.256～0.292	5.01
总计		370	0.147±0.09	0.008～0.660	58.99

在该10种土类中，泥炭土硒含量最高，这主要源于河湖冲积物中化学物质的积累及硒在迁移过程中被黏土矿物或有机碳吸附，以胶体形式最终沉积在含碳质的地层中。而相同母质发育的盐碱土由于其特殊的属性，即盐碱土中 Na^+ 的分散作用，导致黏粒含量较低，从而影响硒的含量；另外，盐碱土较高的 pH 能增强硒的甲基化，从而增加硒在土壤中的迁移性。由风积、冲积物母质发育而来的沙土由于其黏粒和有机质含量较低导致了土壤含硒量偏低。在母质相同的情况下，往往有机质含量越高，硒的含量也越高，草甸土、黑土、白浆土和黑钙土都是由低硒的黄土状母质与河湖沉积物母质发育而来的，硒的含量是随着有机质含量的增加而增加的。虽然针叶林土与暗棕壤发育于相同的花岗岩和玄武岩风化物，但由于针叶林土地形高于暗棕壤，其母质风化比较弱，酸性淋溶作用较强，使土壤中部分铁铝硒化物被富里酸类活化并随水移动，导致硒含量降低。另外，地形条件也能使地表硒重新分配。气候也是影响土壤硒的重要因素，我国存在的缺硒带是由于自东亚季风气候形成以来，气候的干湿交替和冻融作用以地表生物地球化学作用的基本驱动力形势而存在，造成 Se 元素的流失与蒸发等，这也正是黑龙江省处于全国缺硒带的主要原因。

（二）硒在土壤剖面中的分布

硒在土壤剖面中的分布受多种因素的影响，大致可以分为：①表聚型；②上下高中间低的双峰分布型；③心土聚集型；④均匀分布类；⑤底聚型。从表 4-5 可以看出，黑龙江省典型土壤剖面中硒的分布基本属于表聚型，即随土壤深度的增加硒浓度降低；也有少数属于双峰分布型，如岗地白浆土、草甸白浆土和红土母质黑土；还有少数呈现出明显的心土聚集型分布，如绥化市的泥页岩黑土、黑河市的表潜黑土、砾石底黑土和大兴安岭的棕色针叶林土。

表4-5　土壤硒与有机碳在土壤剖面中的分布

土壤类型	市区	层次	深度/cm	硒/(mg·kg⁻¹)	有机碳/(g·kg⁻¹)
草甸白浆土	佳木斯	Aw	0~40	0.286	17.85
		A	40~55	0.275	4.66
		AB	55~90	0.309	6.76
		B	90~	0.276	11.6
暗棕壤	哈尔滨	A0	0~15	0.186	15.73
		A1	15~50	0.118	11.26
		AB	50~83	0.07	2.1
		B	83~	0.112	3.93
白浆化暗棕壤	牡丹江	A1	0~7	0.144	25.55
		Aw	7~14	0.143	23.04
		A	14~33	0.149	19.08
		BC	33~	0.123	12.36
潜育暗棕壤	哈尔滨	A0	0~20	0.124	62.06
		A1	20~60	0.088	31.96
		B	60~80	0.099	15.52
草甸暗棕壤	黑河	A	0~33	0.19	19.03
		AB	33~76	0.157	5.72
		B	76~112	0.163	2.31
泥页岩黑土	绥化	A	0~51	0.291	25.22
		AB	51~85	0.617	13.13
		B	85~115	0.477	19.51
		C	115~	0.314	3.68
白浆化黑土	哈尔滨	A	0~46	0.265	25.8
		Aw	46~58	0.117	3.3
		B	58~90	0.153	2.74
		C	90~	0.112	1.53
草甸黑土	佳木斯	A	0~15	0.165	9.08
		AB	15~50	0.124	1.99
		B	50~70	0.045	0.23
		C	70~	0.051	1.23

表 4－5（续 1）

土壤类型	市区	层次	深度/cm	硒/(mg·kg^{-1})	有机碳/(g·kg^{-1})
砾石底黑土	黑河	A	0～30	0.171	20.54
		B	30～74	0.233	5.19
		BC	74～130	0.197	3.79
表潜黑土	黑河	A	0～50	0.198	33.11
		AB	50～80	0.253	33.01
		B	80～	0.213	12.53
红土母质黑土	黑河	A	0～24	0.155	15.04
		B	24～49	0.076	5.13
		C	49～160	0.165	1.02
草甸土	佳木斯	A	0～30	0.285	21.5
		AB	30～55	0.276	18.86
		B	55～100	0.171	10.41
		C	100～	0.06	2.13
石灰性草甸土	绥化	A	0～19	0.195	13.71
		AB	19～61	0.054	3.23
		B	61～	0.037	1.37
沟谷草甸土	伊春	A0	0～20	0.23	48.46
		A1	20～110	0.2	31.29
草甸栗钙土	齐齐哈尔	A	0～34	0.134	11.01
		B	34～67	0.069	5.95
		BC	67～101	0.069	6.93
		C	101～	0.061	5.65
棕色针叶林	大兴安岭	A0	0～11	0.106	76.92
		A	11～34	0.463	14.34
		B	34～82	0.187	5.12
		C	82～	0.158	1.92
火山灰土	黑河	A	0～54	0.169	31.66
		A2	54～108	0.145	22.72
		BC	108～	0.148	27.77
栗钙风沙土	齐齐哈尔	A	0～13	0.083	8.52
		AC	13～38	0.055	1.82
		C	38～	0.04	1.67

表 4－5(续 2)

土壤类型	市区	层次	深度/cm	硒/($mg \cdot kg^{-1}$)	有机碳/($g \cdot kg^{-1}$)
草甸盐土	绥化	A	0～23	0.069	2.13
		AB	23～55	0.056	1.84
		B	55～106	0.041	1.91
钙质石质土	牡丹江	A	0～21	0.13	18.46
		C	21～	0.026	0

注：A0—腐殖质层；A—淋溶层；A1—淋溶层 1；A2—淋溶层 2；Aw—白浆层；AB—过渡层；B—沉积层；BC—过渡层；C—母质层。

(三)黑龙江省不同区域土壤硒分布

土壤硒含量不仅在不同土壤类型区差异显著，而且不同区域差异也非常大，如小兴安岭山地土壤硒含量极显著高于其他地区($P<0.001$)。具体表现为：大兴安岭地区 < 松嫩平原 < 三江平原 < 东南部山地 < 小兴安岭山地。其中，由于东南部山地地势地貌复杂，土壤硒含量在该地区变异性较强，达到 62.96%。而在不同行政市中，土壤硒含量也表现出明显的差异性(表 4－6)：大兴安岭行政区 < 大庆 < 佳木斯 < 牡丹江 < 齐齐哈尔 < 哈尔滨 < 鸡西 < 绥化 < 七台河 < 双鸭山 < 鹤岗 < 伊春 < 黑河。

表 4－6　黑龙江省不同区域土壤全硒分布

行政市	样本数/个	平均值/($mg \cdot kg^{-1}$)	变幅/($mg \cdot kg^{-1}$)	标准差/($mg \cdot kg^{-1}$)	变异系数/%	硒反应程度
大兴安岭地区	16	0.115	0.014～0.210	0.06	49.69	缺硒
大庆	31	0.122	0.025～0.204	0.04	35.76	缺硒
佳木斯	25	0.123	0.028～0.286	0.07	60.09	缺硒
牡丹江	12	0.128	0.039～0.218	0.06	43.47	边缘
齐齐哈尔	57	0.129	0.030～0.475	0.08	61.22	边缘
哈尔滨	64	0.129	0.013～0.383	0.09	66.03	边缘
鸡西	10	0.138	0.043～0.265	0.07	50.21	边缘
绥化	53	0.142	0.036～0.314	0.07	45.86	边缘
七台河	4	0.144	0.099～0.190	0.05	34.38	边缘
双鸭山	15	0.148	0.008～0.282	0.08	56.84	边缘
鹤岗	10	0.150	0.109～0.180	0.03	17.84	边缘
伊春	29	0.188	0.093～0.398	0.09	50.17	中等

表 4-6(续)

行政市	样本数/个	平均值/($mg \cdot kg^{-1}$)	变幅/($mg \cdot kg^{-1}$)	标准差/($mg \cdot kg^{-1}$)	变异系数/%	硒反应程度
黑河	44	0.228	0.097~0.660	0.12	54.24	中等
总计	370	0.147	0.008~0.660	0.09	58.99	边缘

研究结果表明,大兴安岭地区、大庆和佳木斯(这些地区含盐碱土、风沙土和针叶林土较多)土壤硒含量低于0.175 mg/kg,属于硒缺乏区;其他地区属于硒潜在缺乏区;而黑河与伊春(暗棕壤较多)土壤硒含量较高,方差分析表明此二地土壤硒含量分别显著高于全省其他地区($P<0.05$),这可能归因于这些地区暗棕壤分布相对富集。各行政市区土壤硒的变异系数在17.84%~66.03%之间,说明硒含量分布不均匀,在同一区域受人为农业活动影响变化也较大。环境中硒主要以 SeO_2 形式存在,而燃煤对 SeO_2 的影响很大,因此燃煤对土壤硒含量也有一定的影响。鸡西、七台河、双鸭山和鹤岗均是煤炭主产区,土壤硒含量仅次于黑河与伊春。土壤硒含量在省会城市哈尔滨的变异性最大(66.03%),这可能与人类活动密集给土壤带来有机、无机污染物及人为农耕活动的干扰等因素有关。

(四)影响土壤硒含量及其分布的因素

研究结果表明,研究区表层土壤硒含量与土壤 SOC 和黏粒含量均呈现极显著的正相关($r=0.309$, $P<0.001$; $r=0.231$, $P<0.001$);而土壤硒含量与 pH 之间呈现负相关($r=-0.217$, $P<0.001$)(图 4-1)。

李永华等认为土壤 pH 可以影响土壤中硒的甲基化,从而影响硒在土壤中的迁移性。而 Goh 等认为 pH 可调节硒与土壤组分的吸附-解吸过程。我们的研究结果与上述结论相吻合,即土壤 pH 越高,土壤中的硒越容易遭到淋失导致含量下降,而涉及降水、土壤氧化还原电位等综合作用的联动影响,需要进一步深入研究。

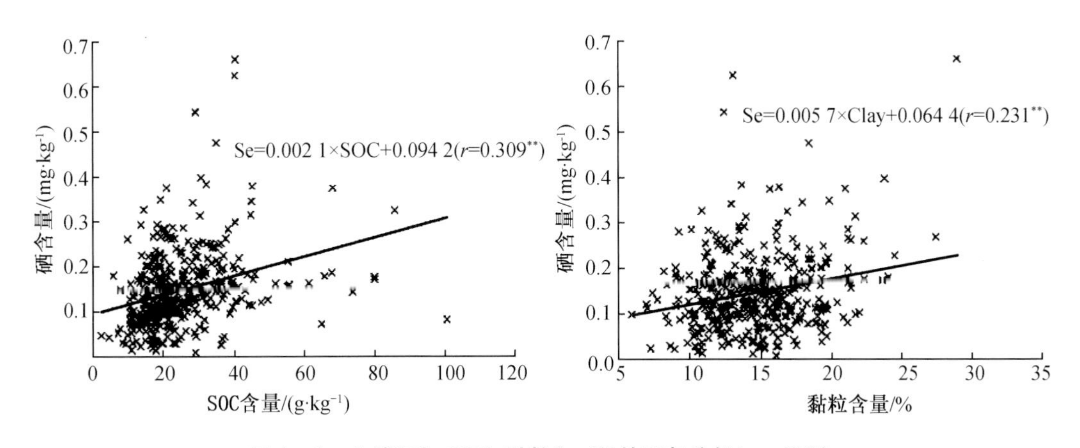

图 4-1　土壤硒与 SOC、黏粒和 pH 的回归分析($n=370$)

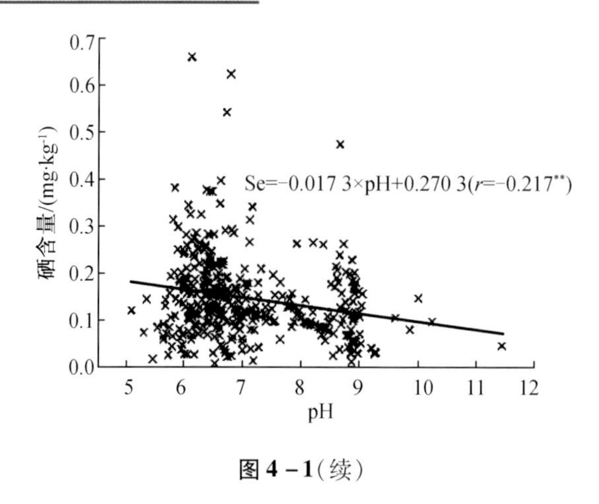

图 4-1(续)

四、黑龙江省土壤硒形态

(一)供试土壤理化性质

供试土壤理化性质如表 4-7 所示,其中 n 为样本数。

表 4-7　供试土壤理化性质($n=19$)

土壤类型	SOC (g·kg⁻¹)	aFe/(km·kg⁻¹)	aMn/(km·kg⁻¹)	aCu/(mg·kg⁻¹)	aZn/(km·kg⁻¹)	aS/(km·kg⁻¹)	pH	EC/(s·m⁻¹)	CEC/(cmol·kg⁻¹)	黏粒/%	砂粒/%
黑土	19.93	45.94	50.61	2.31	2.18	8.19	6.60	133.08	24.12	19.22	16.36
白浆土	15.20	44.57	39.93	1.61	1.17	9.95	6.46	59.65	18.07	17.92	8.80
黑钙土	11.03	64.35	51.36	1.52	1.97	23.28	7.88	213.00	20.39	12.16	32.84
暗棕壤	33.98	99.48	52.43	0.65	2.02	22.77	5.94	131.17	20.25	14.63	27.21
火山灰土	28.05	23.88	38.91	0.87	1.30	7.90	7.28	92.60	31.21	13.63	23.57
草甸土	33.98	61.04	43.80	1.44	2.92	23.08	6.26	104.40	33.69	18.77	24.20
风沙土	11.82	16.34	10.03	0.58	0.73	39.37	8.82	173.05	16.16	9.42	39.39
盐碱土	7.45	13.11	2.70	0.01	0.74	22.77	8.68	175.90	10.80	8.44	49.35

aFe、aMn、aCu、aZn 和 aS 分别表示土壤中有效态铁、有效态锰、有效态铜、有效态锌和有效态硫,EC 表示电导率,CEC 表示阳离子变换量。

(二)土壤中各形态硒含量与分布

由表 4-8 可知:研究区表土层水溶态硒含量极低且变异性较大,最大值(暗棕壤,19.77 g/kg)与最小值(火山灰土,1.21 pg/kg)之间相差 16 倍之多,但不同类型土壤水溶

态硒占全硒含量的百分比差异并不大，为0.70% ~7.18%。交换态硒与水溶态硒规律相似，其中最大值(28.50 g/kg)与最小值(1.31 g/kg)相差近22倍，其含量占全硒的百分比为0.75% ~9.37%。铁锰氧化物结合态硒在不同类型土壤中占全硒含量的百分比差异较大，为0.80% ~33.97%；不同类型土壤中的硒以有机态与残渣态为主，分别占全硒含量的8.16% ~50.5%和26.32% ~70.90%。全部样品中有63%以残渣态硒为主，占全硒的34.17% ~70.9%；31%的土壤以有机态硒为主，占全硒的40.16% ~50.50%；而盐碱土主要以铁锰氧化物结合态硒存在，占全硒的33.97%。交换态硒与水溶态硒是土壤中有效态硒，也是作物吸收硒的主要来源。本研究中，黑龙江省主要类型土壤中硒主要以不易被作物吸收利用的残渣态和有机态为主，而有效态硒仅占很少的部分，这也是导致黑龙江省土壤缺硒及硒的生物有效性低的主要原因。

表4-8 供试土壤各形态硒含量

土壤类型	可溶态/(μg·kg^{-1})	各形态硒含量*/(μg·kg^{-1})			残渣态/(μg·kg^{-1})	加和硒/(μg·kg^{-1})	回收率/%
		交换态	酸溶态	有机态			
黑土	3.63 ±0.67	5.47 ±2.86	34.62 ±4.39	76.10 ±9.76	96.48 ±25.31	216.31	94.05
白浆土	3.80 ±3.96	14.21 ±1.03	59.91 ±1.32	74.17 ±0.75	91.75 ±16.69	243.85	116.12
黑钙土	9.74 ±3.03	6.79 ±1.01	14.90 ±1.05	62.21 ±29.35	44.09 ±1.01	137.74	100.94
暗棕壤	8.62 ±1.68	12.26 ±3.35	26.40 ±1.47	114.15 ±1.03	84.29 ±3.52	245.72	98.29
火山灰土	1.43 ±1.56	1.67 ±1.98	2.90 ±4.63	75.31 ±24.03	111.22 ±8.23	192.53	102.52
草甸土	2.17 ±2.55	2.78 ±0.55	39.51 ±0.43	64.90 ±10.54	122.73 ±52.09	232.09	99.25
风沙土	3.37 ±3.63	3.38 ±4.16	13.58 ±7.62	20.76 ±4.37	57.82 ±6.99	98.91	89.91
盐碱土	1.74 ±0.04	1.95 ±0.93	33.48 ±11.66	28.14 ±7.71	33.24 ±1.19	98.55	100.97

注：* 表示平均值±标准差。

(三)土壤中各形态硒含量间相互关系

由于个别样品相对于其他样品全硒含量偏高，因此对剔除该值之后的18个土壤样品各形态硒与全硒含量进行相关分析(表4-9)。土壤全硒含量代表土壤供硒的潜在水平，农作物对赋存在土壤中硒的吸收程度取决于硒形态的有效性。相关分析结果表明：土壤中酸溶态硒、有机态硒和残渣态硒与土壤全硒含量间呈极显著相关，水溶态硒和交换态硒与全硒含量间相关性并不显著，该结果与王松山对我国15种不同类型土壤样品形态分析的结果相似。硒在土壤各组分间的分配作用受硒的价态及土壤理化性质的影响，土壤中的水溶态硒主要是SeO_4^{2-}，以及部分SeO_3^{2-}和水溶性有机硒，该形态硒是最易被生物吸收利用的硒形态；而交换态硒是指那些与黏土矿物及腐殖质结合比较紧密的硒氧离子，主要以SeO_3^{2-}的形式存在于土壤中。此两种形态硒属于土壤有效硒，由于农业土壤常年种植的作物不断从土壤中摄取有效态硒，再加之人为原因等的污染引起的土壤环境不断变化，使得这两种形态的硒总是处于吸附－解吸、沉淀－溶解等的动态变化之中，与土壤全硒含量之间无显著相关性。酸溶态硒是指与铁、锰的水合氧化物及碳酸盐物质结合紧密的硒形态，这种形态的硒难以被植物吸收利用；有机态硒在一定条件下可以矿化成硒酸盐或亚硒酸盐被植物吸收利用，是土壤潜在有效硒；残渣态硒的多少取决于矿物的天然组成，硒常与硫化物矿等共生，牢固地结合在晶格中，在自然环境条件下极难转化成植物吸收利用的硒形态。后三种形态的硒在土壤中比较稳定，与全硒含量之间呈现极显著的相关性。

表4－9　土壤各形态硒与全硒含量间相关系数

硒形态	水溶态	交换态	酸溶态	有机态	残渣态
全硒	－0.102	0.393	0.635＊＊	0.625＊＊	0.720＊＊

注：＊＊表示1%水平相关。

（四）基于通径分析的土壤理化性质对各形态硒的影响

1. 土壤各形态硒含量与土壤性质简单相关分析

研究结果表明（表4－10），土壤SOC及阳离子交换量与土壤水溶态硒、交换态硒及酸溶态硒含量呈负相关，而与有机态硒和残渣态硒均呈正相关，相关性未达到显著水平；土壤有效态铁、有效态锰、有效态铜、有效态锌含量与土壤各形态硒含量关系密切，其中土壤有效态铁对土壤水溶态硒、交换态硒、有机态硒及全硒的正相关关系达到极显著水平；土壤各形态硒含量与土壤有效态硫、pH、土壤电导率及砂粒含量存在不同程度的负相关，与黏粒含量呈正相关，其中有机态硒及残渣态硒的相关性分别达到显著和极显著水平。土壤全硒方面，土壤有效硫、pH、土壤电导率及砂粒含量与土壤全硒呈负相关，其中砂粒达到显著水平；其他土壤理化性质与全硒均呈现正相关，其中土壤有效态铁与黏粒含量均达到极显著水平。

2. 土壤硒含量与土壤性质逐步多元回归分析

分别以土壤各形态硒、全硒为因变量，土壤理化性质为自变量，进行逐步多元回归分析，得到回归方程如表4－11所示。

表 4 – 10　土壤各形态硒与土壤理化性质间的相关系数

项目	SOC (g · kg^{-1})	aFe/ (km · kg^{-1})	aMn/ (km · kg^{-1})	aCu/ (mg · kg^{-1})	aZn/ (km · kg^{-1})	aS/ (km · kg^{-1})	pH	EC/ (s · m^{-1})	CEC/ (cmol · kg^{-1})	黏粒 /%	砂粒 /%
水溶态	-0.148	0.763 * *	0.136	-0.025	-0.060	-0.099	-0.063	-0.081	-0.113	0.141	-0.003
交换态	-0.184	0.678 * *	0.295	0.013	-0.006	-0.082	-0.104	-0.086	-0.068	0.266	-0.137
酸溶态	-0.258	0.338	-0.056	0.596 * *	0.118	-0.124	-0.220	-0.152	-0.020	0.407	-0.461 *
有机态	0.178	0.744 * *	0.160	0.066	-0.036	-0.318	-0.457 *	-0.300	0.271	0.544 *	-0.306
残渣态	0.071	0.300	0.465 *	0.268	0.500 *	-0.383	-0.425	-0.419	0.425	0.576 * *	-0.587 * *
全硒	0.019	0.713 * *	0.283	0.322	0.205	-0.371	-0.491	-0.385	0.301	0.672 * *	-0.542 *

注：* * 表示 1% 水平相关，* 表示 5% 水平相关（双尾）。

表 4-11　土壤各形态硒与土壤理化性质的回归分析

项目	回归方程	R^2	显著性检验
水溶态	$Y_1=2.969+0.096$ aFe -0.05 aMn -0.061SOC	0.728	0.018 *
交换态	$Y_2=3.316+0.125$ aFe -0.151 SOC	0.550	0.163
酸溶态	$Y_3=27.488+20.739$ aCu $+0.297$ aFe -0.387 aMn -0.135 EC $+0.44$ aS -0.685 CEC	0.791	0.022 *
有机态	$Y_4=-7.642+0.780$ aFe $+4.814$ Clay -19.941 aZn	0.845	0.603
残渣态	$Y_5=93.478-1.149$ Sand $+10.620$ aZn	0.428	0.000 * *
全硒	$Y_6=0.133+0.002$ aFe $+0.005$ Clay -0.001 aMn -0.002 Sand	0.806	0.000 * *

注：* * 表示 1% 水平相关，* 表示 5% 水平相关（双尾）。

3. 直接和间接通径系数分析

表 4-12 表明，土壤有效态铁含量对水溶态硒含量表现出明显的直接正效应（0.969 6）和较小的间接负效应（-0.207）。土壤有效态锰含量对水溶态硒含量有一定的直接负效应（-0.321 1），但其通过土壤有效态铁对水溶态硒含量也产生了具有正效应的间接作用（0.456 9）。土壤 SOC 含量和有效态铁及有效态锰含量相比，无论直接作用还是间接作用都表现最低。另外，所选环境因子对水溶态硒含量的决定系数 $R^2=0.728$，剩余因子的通径系数 $e=0.521\ 5$，该值较大，说明所选环境因子未能较为充分地解释土壤水溶态硒含量的变异。其原因在于耕作土壤中的水溶态硒逐年累月的被地上作物所吸收，加上外源硒肥甚至是人类农业文明带来的有机、无机硒污染物，使得可溶态硒含量总是处于动态变化之中。涉及其他环境因素的影响有待进一步探究。

表 4-12　土壤性质对水溶态硒含量影响的通径系数

项目	自变量	直接通径系数	间接通径系数				剩余通径系数
			aFe	aMn	SOC	合计	
水溶态	aFe	0.969 6	—	-0.172 0	-0.035 0	-0.207	0.521 5
	aMn	-0.321 1	0.519 3	—	-0.062 4	0.456 9	
	SOC	-0.213 1	0.159 1	-0.094 0	—	0.065 1	

表 4-13 表明，与水溶态硒相似，土壤有效态铁含量对交换态硒含量也表现出明显的直接正效应（0.728 2）和较小的间接负效应（-0.049 8）。土壤 SOC 含量对交换态硒含量的影响的直接负效应（-0.303 6）和间接正效应（0.119 5）有所抵消，表明土壤 SOC 不是影响土壤交换态硒含量的主要因素。另外，所选环境因子对交换态硒含量的决定系数 $R^2=0.550$，剩余因子的通径系数 $e=0.670\ 8$，该值较大，说明所选环境因子未能较为充分地解释土壤水溶态硒含量的变异。研究表明，Na 和 Mg 的硫酸盐、氧化还原电位及含水量

等因素共同控制着局部土壤硒的沉淀和溶解，进而影响土壤硒对植物的有效性，涉及到上述因素的影响需要进一步研究。

表 4－13　土壤性质对交换态硒含量影响的通径系数

项目	自变量	直接通径系数	间接通径系数			剩余通径系数
			aFe	SOC	合计	
交换态	aFe	0.728 2	—	0.049 8	0.049 8	0.670 8
	SOC	－0.303 6	0.119 5	—	0.119 5	

表 4－14 表明，影响土壤酸溶态硒的因素较多，其中土壤电导率对酸溶态硒含量具有明显的直接负效应（－1.708 1），但同时其通过有效硫等因子对酸溶态硒含量也产生了强烈的具有正效应的间接作用（1.555 9）。土壤有效态硫含量对酸溶态硒含量具有明显的直接正效应（1.358 1），但同时其通过电导率等因子对酸溶态硒含量也产生了强烈的具有负效应的间接作用（－1.482 3），使得土壤有效态硫含量与酸溶态硒含量呈现出负相关。因此，若由相关系数 －0.124（表 4－10）就简单地认为有效态硫对土壤酸溶态硒仅具有负效应是不恰当的。土壤有效态铜、有效态铁含量对酸溶态硒含量的直接正效应较大（0.807 2 和0.522 5），而间接负效应较小（－0.231 7 和 －0.187 6）。土壤有效态锰与阳离子交换量对酸溶态硒含量均有一定的直接效应（－0.436 4 和 －0.243 5），但几乎被其间接效应（0.380 7 和0.223 9）所抵消，表明两种因子不是影响酸溶态硒含量的主要因素。

表 4－14　土壤性质对酸溶态硒含量影响的通径系数

项目	自变量	直接通径系数	间接通径系数						合计	剩余通径系数
			aCu	aFe	aMn	EC	aS	CEC		
酸溶态	aCu	0.827 2	—	0.053 5	－0.107 8	－0.230 4	0.109 9	－0.056 9	－0.231 7	0.457 2
	aFe	0.525 5	0.084 33	—	－0.233 7	0.365 4	－0.351 3	－0.052 3	－0.187 6	
	aMn	－0.436 4	0.204 33	0.281 5	—	0.486 1	－0.486 7	－0.104 5	0.380 7	
	EC	－1.708 1	0.111 6	－0.112 4	0.124 2	—	1.332 8	0.099 7	1.555 9	
	aS	1.358 1	0.066 9	－0.135 9	0.156 4	－1.676 3	—	－0.106 6	－1.482 3	
	CEC	－0.243 5	0.193 4	0.112 9	－0.187 2	0.699 1	－0.594 3	—	0.223 9	

表 4－15 表明，土壤有效态铁与黏粒含量对有机态硒量的直接通径系数分别为 0.728 5 和 0.524 0，这说明有效态铁对有机态硒的直接正效应最大，黏粒次之。土壤有效态锌对有机态硒量的直接负效应（－0.492 2）几乎被间接正效应（0.455 7）所抵消，表明土壤

有效态锌不是影响有机态硒含量的主要因素。

表4-15　土壤性质对有机态硒含量影响的通径系数

项目	自变量	直接通径系数	间接通径系数				剩余通径系数
			aFe	Clay	aZn	合计	
有机态	aFe	0.728 5	—	0.168 9	-0.153 3	0.015 6	0.393 7
	Clay	0.524 0	0.234 9	—	-0.214 9	0.02	
	aZn	-0.492 2	0.226 9	0.228 8	—	0.455 7	

表4-16表明，两种环境因子无论直接效应（-0.454 9和0.331 3）还是间接效应（-0.122 7和0.168 5）对残渣态硒的贡献都不大，这可能是由于残渣态硒是研究区土壤硒的主要赋存形态，残渣态硒的多少取决于矿物的天然组成，硒常与硫化物矿等共生，牢固地结合在晶格中，不因土壤理化性质的改变而变异，在自然环境条件下极难转化成植物吸收利用的硒形态。此外，所选环境因子对残渣态硒的决定系数 $R^2=0.428$，剩余因子的通径系数 $e=0.756\ 3$，该值较大，说明对残渣态硒含量影响较大的一些因素还没有考虑到，如成土母质、岩石风化过程及土地利用方式等因素，有待进一步研究。

表4-16　土壤性质对残渣态硒含量影响的通径系数

项目	自变量	直接通径系数	间接通径系数			剩余通径系数
			Sand	aZn	合计	
残渣态	Sand	-0.454 9	—	-0.122 7	-0.122 7	0.756 3
	aZn	0.331 3	0.168 5	—	0.168 5	

表4-17表明，土壤有效态铁含量对土壤全硒含量表现出明显的直接正效应（0.754 0）和较小的间接负效应（-0.048 0）。土壤有效态锰含量的间接通径系数大于其直接通径系数，表明其对土壤全硒含量的主要贡献是通过影响土壤有效态铁及砂粒含量等环境因子而产生的间接作用。土壤质地对全硒含量也有一定的影响，具体表现为土壤黏粒含量通过土壤有效态铁等因子对全硒产生间接正效应，而通过土壤有效态锰对全硒含量产生间接负效应。土壤砂粒含量通过土壤有效态铁等因子对全硒含量产生间接负效应，而通过土壤有效态锰对全硒含量产生间接正效应。由此可知，若仅从相关系数就简单地认为土壤质地与全硒含量之间具有显著的直接影响是不恰当的。

表 4－17　土壤性质对全硒含量影响的通径系数

项目	自变量	直接通径系数	间接通径系数					剩余通径系数
			aFe	Clay	aMn	Sand	合计	
全硒	aFe	0.754 0	—	0.089 1	－0.177 9	0.048 0	－0.048 0	0.440 5
	Clay	0.276 3	0.243 1	—	－0.112 9	0.265 5	0.395 7	
	aMn	－0.332 2	0.403 8	0.093 9	—	0.117 9	0.615 6	
	Sand	－0.325 5	－0.111 1	－0.225 4	0.120 3	—	－0.216 2	

五、讨论

(一)土壤理化性质对黑龙江省土壤全硒的影响

Shand 和 Wang 等研究认为,与土壤细粉粒及黏粒相结合的土壤金属氧化物及有机物质富集硒的效果显著,我们的研究结果基本与之吻合(表 4－5),即黑龙江省表土层土壤 SOC 和黏粒含量与硒含量呈极显著正相关。值得注意的是,我们对 21 个土壤剖面也进行了黏粒、pH 等其他指标的测定,但其与硒含量之间的关系并不显著,故上述(表 4－5)分析中并未提及。因此,我们认为影响黑龙江省剖面土壤硒含量分布的主要因素是土壤 SOC 含量。综上所述,土壤 SOC 含量无论是在表土层还是在土壤剖面中都对土壤硒的分布与富集起到了决定性的分配作用,这可能是由于研究区具有大量黑土和暗棕壤等富含有机质的土壤,土壤有机组分中的硒多以与土壤有机化合物结合的方式存在,土壤 SOC 含量比黏粒吸附能力更强等原因所致。土壤理化性质对硒的作用及影响机理不尽相同,更多时候表现为相辅相成,因此不能仅仅考虑其中某一个因素的影响。今后,可在相对控制某一变量的前提下,采用定量模型技术、同位素示踪等手段分析硒的有效性、硒形态的真实影响因素和定量规律。

(二)土壤理化性质对黑龙江省土壤各形态硒的影响

黑龙江省位于全国低硒带的始端,早在 1935 年黑龙江省克山县曾最早发现人类硒缺乏病,而仅仅过了 10 年,动物的硒缺乏症状又被发现。由于黑龙江省地形地貌复杂,地球化学条件具有明显差别,这导致本实验所采集的全部 19 个表层土壤样品全硒含量变幅较大,为 0.068 9～0.462 8 mg/kg。其中,泥页岩黑土由于受到了母质的影响全硒含量较高(0.291 4 mg/kg),而在石灰岩等沉积岩上发育的棕色针叶林土也较高(0.462 8 mg/kg)。风沙土及盐碱土由于 pH 较高(>8.5)及有机质含量较低等特点使硒的迁移能力增强而具有较低的含硒量。其他农田土壤硒含量偏低,属于中等或缺乏水平。

土壤硒形态方面,研究结果表明残渣态硒是研究区土壤中硒的主要存在形态,19 个测试样品中有 12 个以残渣态硒为主,占全硒的 34.17%～70.9%,这部分硒是以较稳定的化合物和晶格的形态存在，难溶解于水和一般的酸性、碱性溶液，植物难以吸收利用，但这部分硒是土壤硒的重要储备库源；其次是有机态硒，有 6 个样品以有机态硒为主，占土壤全硒的40.16% ~50.50%，有机态硒可以矿化成硒酸盐或亚硒酸盐被植物吸收，属于土壤潜在有效硒。只有风沙盐碱土主要以酸溶态硒存在，占全硒的 33.97%，一般认为这部分硒极难转化为植物可吸收利用的硒形态，而被视为无效硒。植物可吸收利用的水溶态硒与交换态硒含量较低，在不同类型土壤间的差异较大，但占土壤全硒含量的百分比差异不大，分别为0.70% ~7.18%和0.75% ~9.37%，这也是导致黑龙江省土壤硒生物有效性低的主要原因。

目前，国内外学者在土壤不同形态硒和土壤母质、黏土矿物、pH、Eh、铁锰氧化物、土壤 SOC 等因素之间关系的研究上多以简单相关分析和回归分析加以探讨，而结果不尽相同，原因在于影响硒形态间转化的因素多而复杂，很多时候单纯的相关或回归分析会因没有考虑到土壤性质之间内在的相互作用而得出错误的结论。

通径分析结果表明，土壤理化性质通过直接和间接作用共同影响着土壤各赋存形态硒的含量和分解转化方向，但其各自的作用机理和影响强度不同。土壤有效态铁对于除残渣态硒之外的四种形态硒均具有较强的直接正效应，在土壤各性质中，土壤有效态铁、有效态锰和黏粒及它们间的共同作用决定了土壤硒在各个形态中的分配，是影响其变化的主导因素，而土壤 SOC、pH 等其他性质主要通过正或负的间接作用影响硒形态。土壤有效态铁主要指来自游离铁中的活性铁，其中无定形氧化铁和络合态铁是其主要供给形态。这可以从 Wang 等的研究中得到验证，他们认为土壤铁、锰等氧化物对土壤硒的吸附和固持具有重要贡献，土壤无定形铁对除水溶态硒之外的四种硒形态均为正影响，且其影响作用大于土壤有机质。研究表明，土壤黏粒对硒有较强的富集作用，黏粒含量越高，土壤的保肥性越好，能有效地减少硒的流失。土壤颗粒对硒的吸附量主要与其边面结构有关，故其粒径大小和稳定性直接影响土壤中硒的含量。Wang 研究指出，与土壤细粉粒与黏粒相结合的土壤金属氧化物及有机物质富集硒的效果显著。Kausch 和 Pallud 运用立体交互式模型研究结果表明，对于直径大于 1 μm 的黏粒，当黏粒直径逐渐变大时，黏粒硒的固持作用增大，因此推荐采用改善土壤团粒结构来提升土壤对硒的固持能力。徐文等发现，粒径大于 1 mm 的黏粒对很难固持土壤中的硒，相反当土壤粒径小于0.025 mm时，其对 Na_2SeO_4的固持能力有显著提高。这些都与我们通过通径分析得到的黏粒对硒含量影响的结果相吻合。土壤全硒方面，土壤金属氧化物及黏土矿物依然是制约土壤全硒变异的主要因素。另外，研究表明土壤中的碳、硫、磷和氮元素与硒元素均有较好的相关性，而在表浅环境下涉及成土过程和生物代谢过程的元素其地球化学行为对硒元素的分布与迁移具有深远的影响。研究表明，尽管通径分析未把土壤 SOC 及 pH 纳入模型之中，但这两种因子对土壤全硒的作用不可忽略。黑龙江省地形地貌复杂，加之气候上的干湿交替和冻融作用，使得不同地区土壤酸碱度及有机质的积累具有明显的差异，黑土、暗棕壤及草甸土往往具有较高的土壤有机质含量而 pH 较低,岩性土及盐碱土则相反,研究表明如果土壤中的 SOC 含量较高,那么当土壤酸性越强时(<7.5),土壤中的硒越容易与土壤中的有机组分及铁、锰等化合物结合,使硒的迁移能力减弱。土壤性质间对硒的影响及作用机理往往相互交应,在一些情况下不能单纯考虑其中某一个因子的作用。

六、结论

(一)黑龙江省农业土壤硒含量状况

黑龙江省土壤全硒含量变幅为0.008 ~0.660 mg/kg,平均值为0.147 mg/kg,低于全国平均水平。绝大多数土壤(70.54%)属于缺硒及潜在缺硒土壤范畴,28.38% 的土壤处于中等硒含量水平,几乎不存在高硒土壤(1.08%)与硒毒土壤。鉴于黑龙江省系全国产粮第一大省,可以考虑通过作物富硒来弥补土壤硒的不足。不同类型土壤中以盐碱土含硒量最低(0.097 mg/kg),而泥炭土最高(0.273 mg/kg);硒在土壤剖面中主要呈现表聚型分布,也有少数呈现双峰型分布和心土聚集型分布;不同地区以大兴安岭地区为最低(0.115 mg/kg),小兴安岭山地最高(0.198 mg/kg);不同行政市以大兴安岭地区最低(0.115 mg/kg),黑河市最高(0.228 mg/kg)。相关及回归分析表明,土壤全硒含量与土壤 SOC、黏粒含量具有极显著正相关,与 pH 呈极显著负相关。研究区表土层土壤 SOC、黏粒含量与 pH 是影响土壤硒含量的主要因素,另外土壤母质也是影响硒分布的重要因素;而土壤 SOC 含量对硒在土壤剖面中的分布与富集起到了至关重要的作用。

(二)土壤理化性质对硒形态的影响

对黑龙江省典型土壤硒含量和分布的研究发现,供试土壤硒含量总体上处于较低水平,在石灰岩、页岩等沉积岩上发育的土壤,因受到母质的影响,硒含量较高。利用连续浸提技术对土壤硒形态的分析表明,残渣态硒及有机态硒是研究区低硒土壤中硒的主要存在形态, 其次是酸溶态硒,植物可吸收利用的水溶态硒和交换态硒含量很低,这也是导致黑龙江省土壤硒生物有效性低的主要原因。通径分析结果表明,土壤有效态铁对除残渣态硒之外的四种形态硒均具有较强的直接正效应,在土壤各性质中,土壤有效态铁、有效态锰和黏粒及它们间的共同作用决定了土壤硒在各个形态中的分配,是影响其变化的主导因素,而土壤 SOC、pH 等其他性质主要通过正或负的间接作用影响硒形态。土壤全硒方面,土壤有效态铁、有效态锰及黏粒含量对全硒有较强直接影响作用,是其变异的主要因素,但土壤 SOC 和 pH 等因素的作用也不可忽略。

七、研究展望

本章研究了黑龙江省全硒含量分布、典型土壤硒的形态,研究结果表明全省土壤硒含量基本处于缺乏至潜在缺乏水平;植物有效态硒含量过低导致黑龙江省土壤硒生物有效性低。然而,研究过程不可能面面俱到,就当前技术水平而言,对硒的研究可以从以下几方面进行优化：

鉴于黑龙江省是全国产粮第一大省，而富硒产品的开发尚处于初级阶段，出台富硒农产品地方标准、企业标准尤为重要，另外可考虑建立富硒保健农牧产品基地，使富硒农产品得到进一步开发与推广，为当地创造更大的经济效益。

土壤全硒、各赋存形态硒的测定工作可进一步由耕作层深入到淋溶层、心土层甚至是母质层，进一步探讨硒元素在土壤中的迁移－富集规律并做出适当的生态风险评价。同时加强对土壤不同形态硒与作物吸收硒机制的理解与研究。当然连续浸提技术目前也存在诸多不足之处，主要在于化学试剂的加入有可能改变硒存在的价态，从而使其在浸提的土壤中发生重新分配，这会直接导致测定结果不能完全反映土壤中硒的真实存在状况。随着检测技术的不断发展，将来可以采用扫面电镜（TEM）和 X 射线吸收精细结构，定量模型技术、同位素示踪等手段分析硒的有效性与硒形态。

第二节 叶面施硒对大豆生长发育、产量、籽粒品质的影响

一、试验材料与方法

（一）研究区基本概况

试验于 2015 年 5 月至 10 月在东北农业大学实验实习基地（哈尔滨市向阳乡）进行。该地区属于中温带大陆性季风气候。具体位置：东经 125°42′—130°10′，北纬 44°04′—46°40′。海拔高度 145.1 m，全年日照时数 2 641 ~ 2 732 h。年降水量 570 mm 左右。降水多集中在每年的 6 月至 9 月，冬暖夏凉，四季分明。试验前取 0 ~ 20 cm 的耕层土壤，测定基本理化性质，如表 4－18 所示。

表 4－18　试验地土壤基本理化性质

有机质 /(g·kg^{-1})	碱解氮 /(mg·kg^{-1})	速效钾 /(mg·kg^{-1})	速效磷 /(mg·kg^{-1})	pH	土壤全硒含量 /(mg·kg^{-1})
31.1	89.2	163.3	47.1	6.1	0.14

（二）主要仪器设备

试验所用仪器设备如表 4－19 所示。

表4－19　仪器设备

仪器	型号	生产厂家
万分之一电子天平	PTX－FA110	常州市亨托电子衡器有限公司
原子吸收分光光度计	TAS－986	北京普析通用仪器有限责任公司
高速万能粉碎机	FW100	天津市泰斯特仪器有限公司
电热恒温鼓风干燥箱	DHG－9140A	上海一恒科技有限公司
冰箱	BC－117FC	海尔集团
高速离心机	TGL－16G－W	湖南星科科学仪器有限公司
电热恒温水箱	HH·W21·420	天津市泰斯特仪器有限公司
pH 计	MP511	上海三信仪表厂
全自动凯氏定氮仪	ATN－300 型	上海洪纪仪器设备有限公司
火焰光度计	FP650	上海傲谱分析仪器有限公司

（三）试验设计

本试验以大豆圣鼎2号为试验材料，共设置5个喷施剂量组（CK、C1、C2、C3、C4），具体喷施浓度如表4－20所示。每个处理设置三次重复，共设置15个小区，小区面积为40 m^2。分别在大豆的分枝期（6月30日）、初花期（7月13日）和鼓粒期（8月16日）利用微型喷壶将各种硒肥稀释，均匀喷施于叶片表面，每次用预定量的1/3。喷施的时间选定在晴朗且风力不大的上午，各处理以叶片不滴水为准。各处理间设置保护行。本试验所用的富硒叶面肥（硒浓度为2.3 g/500 mL）和亚硒酸钠（分析纯）均由哈尔滨绿食嘉生态农业科技开发有限公司提供。其他管理同一般生产田。

表4－20　基本处理设计

处理组	硒肥类型	硒肥总量/（$g \cdot hm^{-2}$）（以硒计）	分枝期	开花期	鼓粒期
CK	—	0	0	0	0
C1	亚硒酸钠	15	5	5	5
C2	亚硒酸钠	30	10	10	10
C3	富硒叶面肥	15	5	5	5
C4	富硒叶面肥	30	10	10	10

（四）样品采集与测定方法

1. 土壤基础肥力测定

将多点的土壤样品混合均匀，经室内风干、粉碎、过筛等处理后，采用常规的土壤分析方法测定土壤基础肥力。土壤有机质含量:重铬酸钾容量法－外加热法;土壤碱解氮:采用碱解扩散法;土壤速效钾:NH_4OAc 浸提－火焰光度法;土壤速效磷:$NaHCO_3$浸提－钼锑抗比色法;土壤 pH:电位法。

2. 地上部各器官干物质积累

于2015年7月7日(分枝期)、7月19日(开花期)、8月23日(鼓粒期)和10月6日(收获期)每小区取具有代表性的植株4株,将大豆各器官分开,做好标记。于105 ℃杀青30 min,再于80 ℃的条件下干燥至恒重,分别称重并记录。

3. 生育期叶片理化指标的测定

于2015年7月7号(分枝期)、7月19日(开花期)、8月6日(结荚期)、8月23日(鼓粒期)和9月16日(成熟初期),取大豆植株上数第三片完全展开的复叶的中间叶片,进行相关理化指标的分析。

4. 叶片相关理化指标的分析

叶绿素和类胡萝卜素含量:紫外法进行叶片离体测定;可溶性蛋白含量:考马斯亮蓝G－250法,略有改动;丙二醛含量:硫代巴比妥酸法;可溶性糖含量:蒽酮比色法;超氧化物歧化酶活性:氮蓝四唑法;过氧化物酶活性:愈创木酚比色法;谷胱甘肽过氧化物酶活性:DTNB法。

5. 产量

每小区取5 m^2,实收测产。自然风干后,称重,换算公顷产量。再取10株进行室内考种分析。

6. 成熟大豆中各成分含量测定

大豆各器官硒含量:原子荧光光谱仪测定;籽粒蛋白质含量:凯式定氮法;粗脂肪含量:索氏提取法;矿质元素(铁、钙、锌、锰和铜)含量:原子吸收光谱法。汞元素含量:氢化物原子荧光光谱法; 铅和镉元素含量:石墨炉原子吸收光谱法。

(五)数据处理和统计分析

采用 Microsoft Excel 2007 和 WPS 进行绘图,用 SPSS 17.0 对试验数据进行方差分析和显著性检验。

二、叶面施硒对大豆植株中硒含量的影响

硒在植物体内具有一定的迁移能力。从植物的叶片或根系吸收,经过一定的运输方式,进而分配到植物的各个组织器官中去。多项研究表明,叶面施硒后,植物各器官都有硒的分布,且与施硒剂量呈正相关。杨玉玲采用不同浓度梯度的亚硒酸钠($0 \sim 30\ g/hm^2$)进行试验,她认为施硒可提高大豆毛豆期和成熟籽粒的硒含量。以成熟籽粒中硒含量最高,其次依次为毛豆 > 毛豆叶 > 毛豆荚皮。因此,本试验在喷施后第10 d(鼓粒期时)取样,对大豆植株中茎、叶、荚皮、豆粒和成熟籽粒的硒含量进行分析,以了解硒的分布及不

同硒肥间的吸收利用情况。

（一）叶面施硒对鼓粒期大豆籽粒中硒含量的影响

如图 4－2 所示，对照处理组的硒含量为 0.032 2 mg/kg，而施硒后硒含量可分别提高到 0.100 9 mg/kg、0.213 8 mg/kg、0.107 3 mg/kg 和 0.243 3 mg/kg，硒含量的顺序为 C4 > C2 > C3 > C1 > CK。C1～C4 与 CK 处理组相比差异显著。硒的剂量越大，籽粒中的硒含量也增加。C3（叶面肥 15 g/hm^2）和 C4（叶面肥 30 g/hm^2）处理组与等用量的亚硒酸钠处理组相比，硒的吸收利用率略高一些。其中，C2 与 C4 处理组差异显著，C1 和 C3 处理组差异不显著。结果表明，叶面肥和单一的亚硒酸钠都能提高鼓粒期大豆籽粒中的硒含量，两种类型的硒肥中，叶面肥中硒的形态更利于作物吸收。

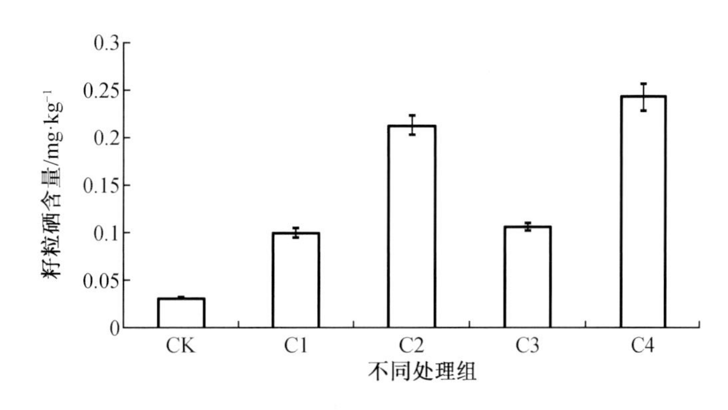

图 4－2 叶面施硒对鼓粒期大豆籽粒中硒含量的影响

（二）叶面施硒对鼓粒期大豆叶片中硒含量的影响

植物的叶片需要与外界环境相互联系，这一过程是通过叶片的气孔完成的。叶片中的质外连丝与外界环境进行一系列的物质交换，把所需要的营养物质和元素吸收到叶片里，并开始有效地利用。所以，植物的叶片具有选择吸收的特点。

如图 4－3 所示，CK 处理组的硒含量为 0.021 1 mg/kg，C1～C4 施硒量下硒含量依次为 0.081 1 mg/kg、0.153 4 mg/kg、0.100 9 mg/kg 和 0.161 6 mg/kg。C1～C4 处理组的硒含量显著高于 CK 组，叶面肥处理组（C3 和 C4）叶片的硒含量均高于等硒用量的亚硒酸钠处理组（C1 和 C2），但 C2 和 C4 处理组间差异不显著。说明施用不同的硒源均可提高大豆叶片中的硒含量，叶面肥在一定程度上更利于作物叶片的吸收，且利用率较单一硒肥高。

（三）叶面施硒对鼓粒期大豆荚皮中硒含量的影响

叶面喷硒时，还有一定量的硒元素转移或残留在荚皮中，因此测定了施硒后大豆荚皮中的硒含量。如图 4－4 所示，荚皮中硒含量的变化同叶片一致。各处理组的硒含量顺序为 C4 > C2 > C3 > C1 > CK，各处理组的硒含量分别是 CK 处理组的 7.37 倍、6.32 倍、3.16 倍和 3.08 倍。硒处理组与 CK 处理组差异显著。C4 处理组比 C2 处理组的硒含量提高了

16.60%，处理组间差异显著；C3 处理组比 C1 处理组提高了 2.41%，两处理组差异不明显。这说明通过叶片转移的硒元素也可在豆荚中积累，叶面肥处理效果优于无机硒处理。

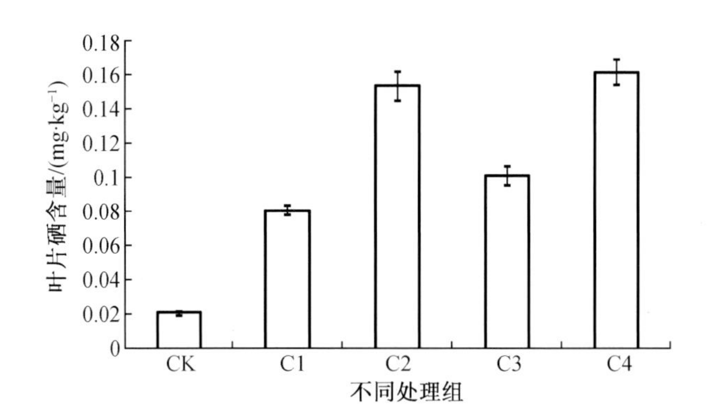

图 4－3　叶面施硒对鼓粒期大豆叶片中硒含量的影响

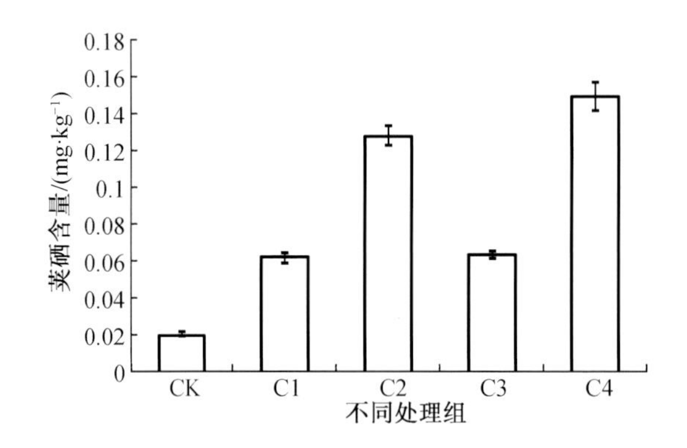

图 4－4　叶面喷硒对鼓粒期大豆荚皮中硒含量的影响

（四）叶面施硒对鼓粒期大豆茎中硒含量的影响

茎是植物最重要的组成部分，在一定程度上起到吸收和传送营养元素、输导水分的作用。同时，在大豆生长发育的关键时期施硒，茎作为与植物叶面和根系相互连接的部分，也具有吸收硒的能力。所以，本试验检测了施硒后大豆茎中的硒含量。

如图 4－5 所示，施硒处理后影响大豆茎中硒的分布。不施硒处理组的大豆茎硒含量为 0.018 9 mg/kg，含量较低。C1 ~ C4 处理下，分别是 CK 处理组的 2.81 倍、5.58 倍、2.86 倍和 5.78 倍，C4 处理组的提高幅度最大。但等硒量的不同硒源间差异并不大（C1 和 C3、C2 和 C4）。这说明施硒可以提高大豆鼓粒期茎中的硒含量，硒的剂量越大，含量则越高。但大豆茎对两种硒源间的利用率相差无几。

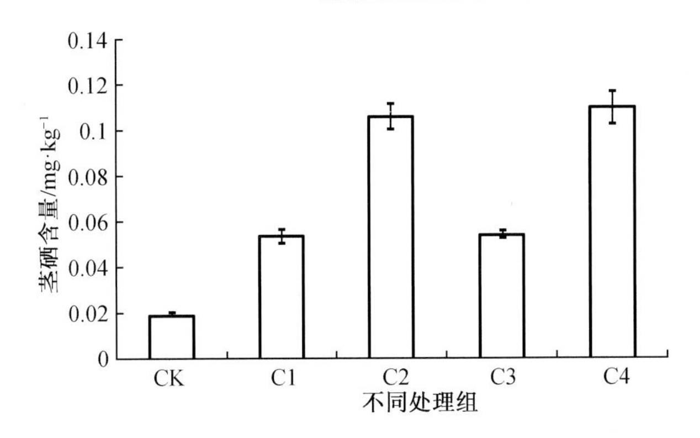

图 4－5　叶面施硒对鼓粒期大豆茎中硒含量的影响

总的来说，大豆对于硒有很好的富集作用，它可通过叶片吸收，并转移至植株的其他器官。本试验结果表明，通过叶片吸收的硒元素在大豆体内的分布为籽粒 > 叶片 > 豆荚 > 茎。且硒肥浓度越高，各器官硒的分配量越高。两种硒肥间相比，富硒叶面肥中的硒的吸收效果更佳。

（五）叶面施硒对大豆成熟籽粒中硒含量的影响

关于施硒提高籽实中硒含量的报道有很多。罗盛国等认为，对种植的大田作物富硒后，籽粒硒含量的提高幅度与硒的剂量有关，不同年份间表现有所不同。本试验测定了成熟籽粒的硒含量，对于提高人们膳食中的硒水平具有重大意义。

从图 4－6 中可以看出，在大豆的生育期内施硒，大豆籽粒的硒含量显著增加，CK 处理组的硒含量为 0.062 8 mg/kg，施硒后硒含量提高到 0.110 7～0.281 0 mg/kg，符合国家标准（0.1～0.3 mg/kg）。C1～C4 处理组的硒含量分别为 CK 处理组的 1.8 倍、4.4 倍、1.9 倍和 4.5 倍，C4 处理组的提高幅度最大。经 F 检验，C1～C4 处理组均与 CK 处理组差异达显著水平（$P<0.05$）。等施硒条件下，C4 处理组的硒含量高于 C2、C3 处理组，高于 C1 处理组。这说明对于植物，富硒叶面肥中硒的生物利用率较高，一定程度上解决了生产中无机硒利用率低等问题。随着硒剂量的增加，成熟籽粒的硒含量呈线性增加。

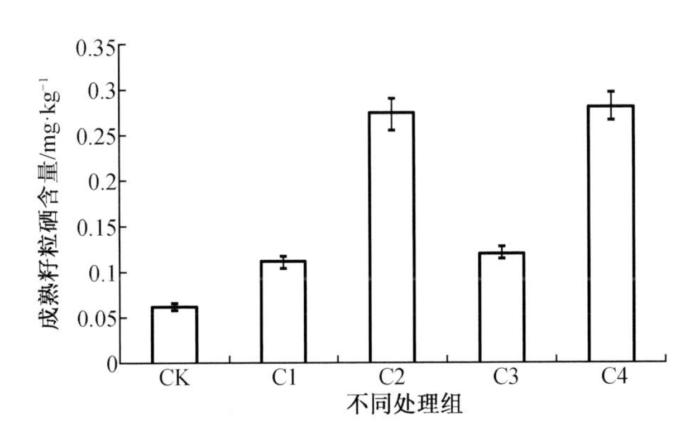

图 4－6　叶面喷硒对大豆成熟籽粒中硒含量的影响

三、叶面施硒对大豆植株中干物质积累的影响

大豆干物质积累量的大小对于大豆的生长发育起着决定性的作用，直接关乎产量。目前，关于施硒对大豆各器官干物质积累及其动态变化的报道较少，因此本试验监测了三次施硒后对大豆植株地上部干物质积累及各器官分配的影响。

由表4-21可知，大豆地上部干物重呈现经典的"S"形曲线变化，即先升高后降低的趋势。分枝期的积累量较小，花期至鼓粒期，大豆的光合能力较强，干物质积累也相对较快。在鼓粒期达到了峰值。随后，到了收获期时，由于叶片大面积的脱落和植株的失水，干物质的积累量和鼓粒时期相比呈下降的趋势。

表4-21 叶面施硒对大豆生育时期各器官干物质积累的影响

时期	处理组	各器官干物重/($kg \cdot hm^{-2}$)			植株地上部总干物重/($kg \cdot hm^{-2}$)
		叶	茎	荚果	
分枝期	CK	678a	602a	—	1 280b
	C1	680a	611a	—	1 291ab
	C2	691a	619a	—	1 310ab
	C3	679a	640a	—	1 319ab
	C4	700a	637a	—	1 337a
开花期	CK	1 334b	1 379c	—	2 713c
	C1	1 358ab	1 434bc	—	2 792bc
	C2	1 370ab	1 502b	—	2 871bc
	C3	1 403ab	1 540b	—	2 943ab
	C4	1 439a	1 663a	—	3 102a
鼓粒期	CK	1 772c	3 636b	1 751c	7 158b
	C1	1 833bc	3 680b	1 851b	7 363b
	C2	1 921ab	3 888a	1 962a	7 771a
	C3	2 002a	3 960a	1 948a	7 910a
	C4	1 936a	4 010a	1 998a	7 944a
收获期	CK	—	1 822c	4 859b	6 681b
	C1	—	1 848c	4 950b	6 798b
	C2	—	1 949bc	5 005b	6 954b
	C3	—	2 034b	5 245a	7 280a
	C4	—	2 160a	5 270a	7 429a

注：同一列中不同的小写字母表示处理组间差异显著($P<0.05$)。

分枝期施硒后，促进了茎和叶的生长速率。叶的积累顺序为 C4 > C2 > C1 > C3 > CK，茎的积累顺序为 C3 > C4 > C2 > C1 > CK。喷硒处理组的叶片和茎的干物质的积累量相比 CK 组略有提高，但各处理组间差异不显著（$P < 0.05$），而植株地上部总干物重表现为 C4 > C3 > C2 > C1 > CK。其中，C4 组与对照组在 5% 水平差异显著。这说明在分枝期施硒，在一定程度上可以促进大豆地上部干物质的积累，但对叶和茎的提高幅度不大。

开花期施硒后，相比 CK 组，茎和叶的积累速率进一步提高。茎的干物质积累量的变化较大，可比 CK 处理组分别提高 3.99%、92%、11.68% 和 20.59%。其中，C2、C3、C4 处理组与对照组差异显著。叶片具体表现为 C4 > C3 > C2 > C1 > CK，且只有 C4 处理组与对照组差异显著（$P < 0.05$）。从此时植株的地上部干物质的积累量上看，C3 和 C4 处理组显著高于其他组，说明花期喷施了一定浓度的富硒叶面肥能显著提高作物花期后的干物质，亚硒酸钠处理不如叶面肥的效果显著。花期施硒促进了大豆的生长发育。

鼓粒期时，植株茎的积累量迅速升高，大于叶片和荚果的积累量。不同处理组间，茎的表现为 C4 > C3 > C2 > C1 > CK，C1 组与 CK 组差异不显著；叶的积累顺序为 C3 > C4 > C2 > C1 > CK；荚果的表现为 C4 > C2 > C3 > C1 > CK，C2、C3、C4 组与对照组差异显著，但处理组间差异不显著（$P < 0.05$）。植株地上部干物重表现为 C4 > C3 > C2 > C1 > CK，C1 组与 CK 组差异不显著。这说明此时施硒利于大豆干物质的有效积累，利于产量的提高。

收获期时，与鼓粒期相比，茎由于大量水分的丢失，其干物质的积累量显著下降，而籽粒和荚皮中的积累量迅速增加。喷硒处理要比对照积累的多。从地上部干物重上分析，其表现为 C4 > C3 > C2 > C1 > CK，富硒叶面肥处理组（C3 和 C4）的效果显著。

本研究结果表明，大豆生长发育前期以叶片为生长中心，中后期向茎中转移，后期主要集中在荚果上。后期茎、叶中干物质积累量有所下降，原因可能是叶片、叶柄等衰老变黄、脱落，使茎叶质量下降。整体来说，叶面施硒能够促进大豆各时期茎、叶、荚果中干物质积累量的增加，刺激了作物的生长发育，利于大豆产量的提高。

四、叶面施硒对大豆产量、百粒重和植株性状的影响

（一）叶面施硒对大豆产量的促进作用

如图 4 – 7 所示，叶面施硒可以提高大豆的产量。CK 处理组的产量为 2 795 kg/hm^2，C1 ~ C4 处理组的产量为 2 803.4 kg/hm^2、2 945.8 kg/hm^2、2 909 kg/hm^2、3 006 kg/hm^2，分别比对照组提高了 0.30%、5.40%、4.08% 和 7.55%。其中 C1 处理组的增产幅度较小。其增产的可能机理是在喷硒处理中，由于抗氧化酶促系统的保护，使功能叶片保持较长时间的光合期，有效延缓了叶片生育后期的衰老，最终使产量提高。富硒叶面肥（30 g/hm^2）对于大豆产量的提高作用较为明显。

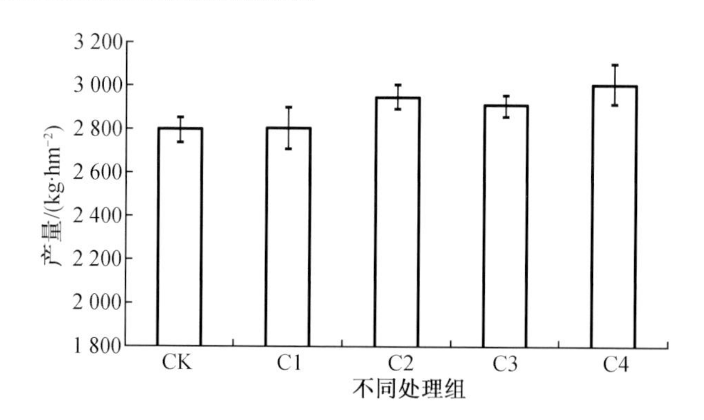

图4-7 叶面施硒对大豆产量的影响

(二)叶面施硒对大豆籽粒百粒重的促进作用

如图4-8所示,叶面喷施硒肥可以不同程度地影响大豆籽粒的百粒重。其中C4处理组的百粒重为22.63 g,比对照组提高了2.44 g。C3处理组的百粒重为22.03 g,比对照组提高了1.84 g,差异显著。C1和C2处理组的百粒重分别为21.03 g和20.99 g,虽有提高,但与CK组差异不显著。

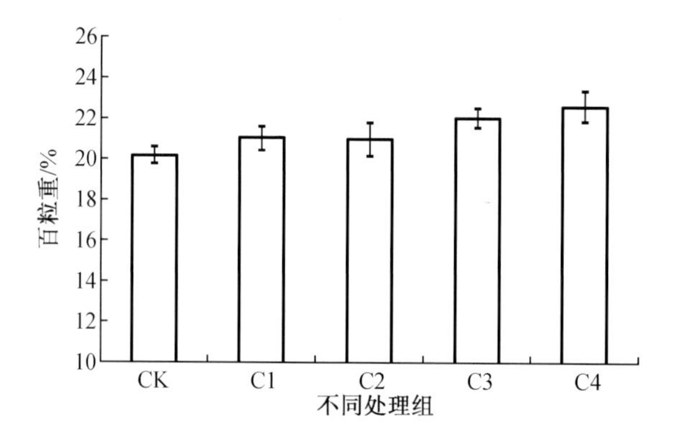

图4-8 叶面施硒对大豆百粒重的影响

(三)叶面施硒对大豆植株性状的影响

由表4-22可知,施硒对于改善大豆株高方面无显著变化,C3的株高略低于CK,却可以提高大豆植株的茎粗,C3和C4处理组的茎粗比对照组提高了0.10 cm和0.09 cm,大豆抵抗外界不良环境的能力增强。施硒可以不同程度地降低大豆的第一结荚高度,C1~C4处理组分别比对照组降低了13.47%、11.92%、9.33%和10.88%,预示着产量的提高,但各处理组间差异不显著。施硒不影响大豆的主茎节数。总体来说,施硒对大豆植株性状无不良影响,在增加茎粗、降低结荚高度方面具有一定作用。

表 4－22 叶面施硒对大豆植株性状的影响

处理组	株高/cm	茎粗/cm	第一结荚高度/cm	平均节数/个
CK	97.5±5.37a	0.93±0.02b	19.3±1.15a	15.1±1.00a
C1	98.1±3.39a	0.94±0.02b	16.7±0.75b	16.0±0.56a
C2	99.1±3.47a	0.98±0.03ab	17.0±0.80b	15.5±0.87a
C3	97.2±5.83a	1.03±0.04a	17.5±0.60b	16.2±0.85a
C4	98.4±3.51a	1.02±0.05a	17.2±0.98b	15.8±0.92a

注：同一列中不同的小写字母表示处理组间差异显著（$P<0.05$）。

五、叶面施硒对大豆抗氧化系统活性和理化特性的影响

（一）叶面施硒对大豆叶片中过氧化物酶活性的影响

植物生长过程中，由于外界环境的影响，会产生一定数量的 H_2O_2，对机体造成一定的伤害。此时，过氧化物酶就会发挥其清除作用，清除一定量的 H_2O_2，具有防止植物的组织细胞发生膜脂过氧化的作用。过氧化物酶含量的多少常常代表了植株的生长发育、机体内活性氧代谢等情况。

由图 4－9 可知，整个生育时期，大豆叶片中酶活性表现出先升后降的趋势。分枝期，大豆体内的酶活力较低，鼓粒期达峰值后迅速下降。总体来说，施硒后，大豆叶片中酶的保护活性提高。通过对大豆五个测定期内酶活性的综合分析，C2、C3、C4 处理组的活性明显高于其他处理组，处理组间以 C4 组高峰值为最高，提高幅度为 4.64%～17.29%。达到峰值时，C1～C4 组的酶活性分别比对照组提高了 6.39%、10.43%、7.9% 和17.29%，C4 组的提高幅度较大，C2 组次之。成熟期，不施硒的酶活性大幅度下降，而施硒处理组的酶活性仍保持在较高的水平。具体活性表现为 C4 > C3 > C2 > C1 > CK。

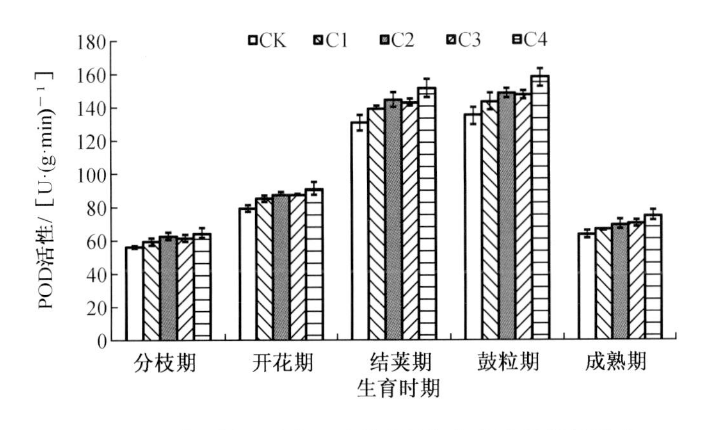

图 4－9 叶面施硒对大豆叶片中过氧化物酶活性的影响

总体来说,施硒使大豆叶片的酶活性处于较高的水平,清除能力也有所提高。两种硒肥进行比较,大豆对叶面肥具有更好的吸收性能,有效地发挥了其清除功能,植株的抗逆性增加,延缓了大豆植株的衰老。

(二)叶面施硒对大豆叶片中可溶性蛋白含量的影响

植物体内的可溶性蛋白含量常常被看作是植物氧化衰老的重要指标之一。有研究称,成熟期的植物叶片有部分可溶性蛋白是核酮糖二磷酸羧化酶(RuBPCase),可以通过间接调控 RuBPCase 的含量,来增加生育后期的光合能力,达到延缓作物衰老的目的。

由图 4-10 可知,大豆的五个测定期内的可溶性蛋白含量呈先逐渐升高后迅速下降的趋势。施硒促进了可溶性蛋白的合成。各处理组与对照组相比较,可提高 0.41% ~ 60.20%。C2、C3 和 C4 处理组的含量高于其他处理组。达到峰值时,CK 处理组的可溶性蛋白含量为 24.33 mg/g,各施硒处理组分别提高了 3.90%、9.74%、7.36% 和 12.54%,C2 和 C4 处理组的提高幅度较大。随着生育期的推进,可溶性蛋白含量不断下降,而施硒对于提高可溶性蛋白含量的作用则越来越显著。鼓粒期时,具体表现为 C4 > C2 > C3 > C1 > CK。成熟期时表现为 C4 > C3 > C2 > C1 > CK。分别比 CK 组提高了 60.20%、45.6%、34.6% 和 28.00%。研究表明,生育后期保持较高水平的可溶性蛋白含量,在延缓大豆植株的衰老、促进光合产物的转移、利于产量的提高方面有较大的贡献。

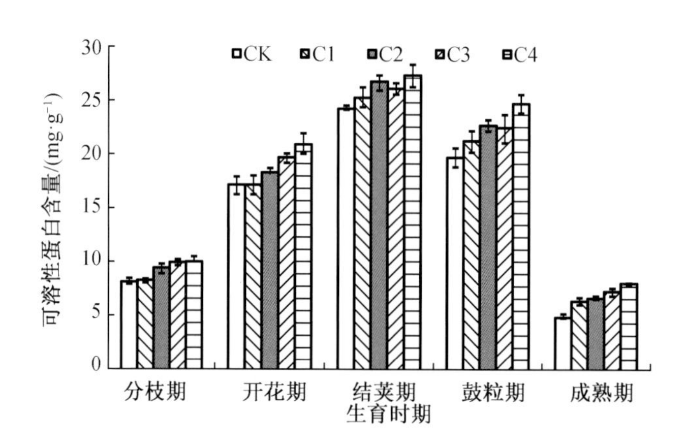

图 4-10　叶面施硒对大豆叶片中可溶性蛋白含量的影响

(三)叶面施硒对大豆叶片中丙二醛含量的影响

随着大豆植株的生长发育,植株体内酶活性(包括 SOD、POD 等)会不断降低,造成植物细胞内活性氧自由基的积累量增加,加速植株的衰老过程。丙二醛(MDA)是植物体内膜脂过氧化的产物,它积累得越多,对植物细胞结构的破坏作用越大,反之则越小,常常被看作是植物细胞衰老死亡的指标之一。

由图 4-11 可知,MDA 的积累量是不断增加的,生育后期,细胞受到一系列的胁迫作用,导致膜脂过氧化产物大量积累,MDA 含量显著增加。施硒降低了 MDA 的积累量。分枝期,各处理组的 MDA 含量分别为3.01 μmol/g、2.92 μmol/g、2.94 μmol/g、2.81 μmol/g和2.76 μmol/g,施硒对于降低 MDA 的作用不显著。开花期,各施硒处理组的 MDA 含量均低于 CK 组,可降低0.75 ~0.89 μmol/g,但各处理组间差异不大。之后,C4 处理组的MDA 含量保持在较低的水平,降低的幅度为31% ~24.31%。成熟期,CK 组的 MDA 含量为28.22 μmol/g,各处理组可比 CK 组分别降低10.17%、12.47%、13.18%和24.31%。总体来说,适宜的硒浓度可以降低 MDA 的积累,但富硒叶面肥的效果更佳,有效地延缓了作物生育后期的衰老。

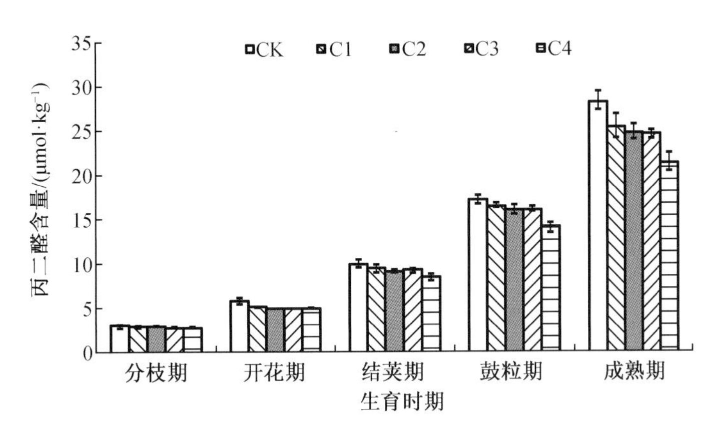

图4-11　叶面施硒对大豆叶片中 MDA 含量的影响

(四)叶面施硒对大豆叶片中可溶性糖含量的影响

可溶性糖在植物机体发挥重要的作用,它可以为植物体内的各种生理生化反应和生命活动提供相应的能量。其含量的多少是衡量植物生长发育、光合能力、作物抗逆性、干物质积累等的重要指标。

张金龙认为,可溶性糖在体内的作用还包括维持细胞渗透压、降低植物的冰点、防止细胞水分的丢失和蛋白质等有效物质的低温凝固等。植物的抗寒性也能有效提高。大豆叶片通过光合作用积累的糖类物质越多,向其他部位转化的干物质数量也会逐渐增加,必然促进大豆的生长发育,增加籽粒的干物质数量,这可能是现代大豆实现高产的一个重要原因。

大豆五个测定期内叶片中可溶性糖含量的积累变化如图4-12所示,呈逐渐下降的趋势。成熟期降到最低点。大豆的生育前期,糖的合成大于输出速率,因此在叶片中积累了较多的糖类物质。随着叶片中可溶性糖的有效转移,叶片中的糖分含量逐渐减少。施硒后,促进了大豆叶片中糖分的合成和积累。分枝期施硒时,表现为 C3 > C4 > C2 > C1 > CK,处理组分别比对照组 CK 提高了13.40%、12.42%、9.80%和3.92%,除 C1 组外,其他差异较为显著。花期的施硒处理比 CK 提高了 3.69% ~19.81%,其中 C2、C3 和 C4 处理组与 CK 组差异显著。结荚期,各处理组含量顺序为 C3 > C4 > C2 > C1 > CK, C3 和 C4 组作用效果明显。鼓粒期,各处理组具体表现为 C4 > C2 > C3 > C1 > CK。成熟期,CK 组的含量仅为 1.73%, C1 ~ C4 处理组的糖含量分别为 1.99%、2.04%、2.01% 和 2.18%,分别提高了 0.26%、0.31%、0.28% 和 0.45%。总体来说,适宜浓度的硒可以促进叶片中可溶性糖的合成,刺激了大豆的生长发育,利于作物产量的提高和抗逆性的形成。

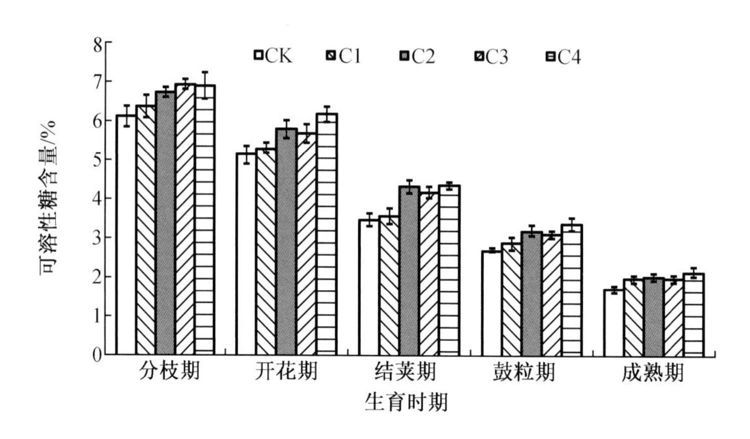

图 4-12 叶面施硒对大豆叶片中可溶性糖含量的影响

(五)叶面施硒对大豆叶片中谷胱甘肽过氧化物酶活性的影响

植物体内的谷胱甘肽过氧化物酶是一种含硒的酶。有关资料表明,其受到一定的硒刺激后,活性会显著提高,对细胞和细胞结构起到了修复和保护的作用,抑制了膜脂过氧化物的产生,有效延缓机体的衰老,提高机体的抗氧化力。

如图 4-13 所示,酶活性在本试验条件下呈单峰曲线变化。各时期施硒后,不同处理组的 GSH-Px 活性均显著高于 CK 组。施硒可使酶活性前期提高 13.65% ~34.51%,生育后期最大可提高 97.92%。从酶活性上分析,大豆的 GSH-Px 活性与施硒量呈正相关。酶活性大小表现为 C2 > C1 > CK, C4 > C3 > CK。成熟期,各处理组的酶活性表现为 C4 > C2 > C3 > C1 > CK,分别比 CK 组增加了 56.58%、91.22%、74.83% 和 97.92%,提高幅度较大。但叶面肥与等量亚硒酸钠的处理组之间差异不大。说明适宜的硒浓度诱导了酶活性的生成,提高了大豆的抗氧化力,利于生长发育。

(六)叶面施硒对大豆叶片中超氧化物歧化酶活性的影响

SOD 的存在与植物体内活性氧含量相关。SOD 的活性越大,体内活性氧的积累就越少,反之则增多,相应的可以转化为过氧化氢。并抑制 MDA 的积累,具有修复和保护细胞组织结构的作用。因此,此酶活力的大小常常反映了植物体内清除能力的强弱。

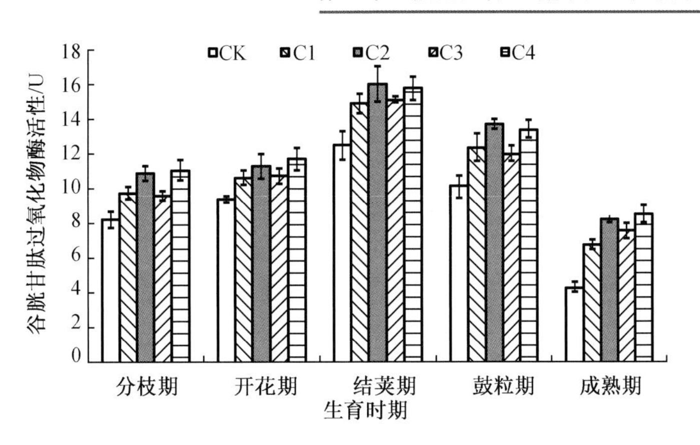

图 4－13　叶面施硒对大豆叶片中谷胱甘肽过氧化物酶活性的影响

表4－23 反映了大豆体内 SOD 的变化规律,在花期达峰值后,迅速降落至最低值。总体来讲,施硒处理组的酶活性要大于对照组(除了分枝期的 C1 浓度),叶面肥处理效果优于单一的亚硒酸钠处理。从各时期不同施硒量的变化趋势分析,分枝期虽然施硒对酶活性有所提高,但整体差异不显著。开花期至成熟期施硒处理的酶活性一直处于较高水平,开花期各施硒处理组分别比对照组提高了 8.44%、9.07%、8.85% 和 11.44%,四个处理组均与对照组差异达显著水平。但到了生育后期,亚硒酸钠处理的酶活性下降较快,与对照组差异并不显著,富硒叶面肥的处理组均保持较高的 SOD 活性。成熟期 SOD 活性表现为 C4 > C3 > C1 > C2 > CK,分别比对照组提高了 21.38%、15.74%、7.01% 和 6.41%,富硒叶面肥处理组 SOD 活性的提高幅度较大。综上所述,施硒利于大豆叶片 SOD 活性的提高,中后期时富硒叶面肥的效果显著,利于延缓大豆叶片的衰老,促成较高的产量。

表 4－23　叶面施硒对大豆叶片中 SOD 活性的影响　　单位:$U \cdot g^{-1}$

处理组	分枝期	开花期	结荚期	鼓粒期	成熟期
CK	140.32 ±8.21a	202.00 ±6.78b	151.20 ±4.15c	100.20 ±3.91b	60.05 ±3.59c
C1	138.00 ±5.52a	219.05 ±9.98a	156.00 ±8.86c	101.38 ±6.06b	64.26 ±1.20bc
C2	145.00 ±2.77a	220.33 ±4.37a	157.23 ±6.16bc	103.00 ±1.73b	63.90 ±3.51bc
C3	144.21 ±3.51a	219.88 ±7.47a	169.24 ±5.81ab	117.81 ±6.30a	69.50 ±3.17ab
C4	143.63 ±4.10a	225.10 ±4.81a	173.22 ±8.54a	116.55 ±7.60a	72.89 ±4.97a

注:同一列中不同的小写字母表示处理组间差异显著($P<0.05$)。

(七)叶面施硒对大豆叶片中叶绿素含量的影响

一般认为,叶绿素含量越高,植株的光合能力就越强,营养生长速度加快。大豆叶片中叶绿素的变化规律为先升后降,如表4－24 所示。叶面施硒后,大豆叶片中的叶绿素总量发生一定的改变,前期可提高 9.05% ~40.48%,后期最大可提高 50.75%。各时期叶绿素含量以 C2、C3、C4 处理组高于其他。达到峰值时，C1～C4 处理组的叶绿素含量可分别比对照组提高 0.57 mg/g、0.85 mg/g、0.51 mg/g 和 1.01 mg/g，其中 C4 组与其他处理组差异显著（$P<0.05$）。后期 CK 组的叶绿素含量为 2.10 mg/g 和 0.67 mg/g，呈现明显的下降趋势。施硒处理组的叶绿素含量较高，成熟期 C1～C4 组的叶绿素含量比 CK 组提高了 23.88%、7.46%、50.75% 和 40.30%。另外，叶面肥处理组的叶绿素含量均高于亚硒酸钠处理组。总体来说，叶面施硒可以加速植物体内叶绿素的合成，提高生育后期叶片中叶绿素的含量，有效地延缓大豆叶片的衰老，有利于生育后期叶片光合作用的顺利进行。

表 4－24　叶面施硒对大豆叶片中叶绿素含量的影响　　单位：$mg \cdot g^{-1}$

处理组	分枝期	开花期	结荚期	鼓粒期	成熟期
CK	1.70 ±0.09c	2.10 ±0.13c	3.56 ±0.07c	2.10 ±0.13c	0.67 ±0.04d
C1	1.98 ±0.13b	2.29 ±0.09c	4.13 ±0.28b	2.45 ±0.10b	0.83 ±0.03c
C2	2.21 ±0.09a	2.57 ±0.14b	4.41 ±0.17ab	2.60 ±0.12b	0.72 ±0.05d
C3	2.33 ±0.08a	2.86 ±0.19a	4.07 ±0.15b	2.85 ±0.13a	1.01 ±0.04a
C4	2.36 ±0.10a	2.95 ±0.11a	4.57 ±0.18a	3.01 ±0.09a	0.94 ±0.02b

注：同一列中不同的小写字母表示处理组间差异显著（$P<0.05$）。

（八）叶面施硒对大豆叶片中类胡萝卜素含量的影响

类胡萝卜素也是植物体内的一种重要色素，它在植物吸收光能、保护叶绿素、消灭活性氧等方面发挥着至关重要的作用，是植物体内重要的理化指标之一。

如表 4－25 所示，大豆中类胡萝卜素的含量和叶绿素含量的变化趋势一致，呈单峰曲线的变化。总体来讲，适量的硒浓度刺激了类胡萝卜素的合成，但不同生育期对其影响表现不同。在分枝期和开花期施硒，虽然整体上可以提高大豆叶片中的类胡萝卜素含量（除分枝期 C2 处理组低于对照组），但整体差异并不显著。到了结荚期，各施硒处理组才显著高于对照组。具体表现为 C4 > C2 > C3 > C1 > CK。鼓粒期和成熟期各处理组以 C4 的含量较高，分别比对照组提高了 100% 和 109.09%，提高幅度较大，经方差分析，差异显著，说明在此浓度下，更利于类胡萝卜素的合成。

表 4－25　叶面施硒对大豆叶片中类胡萝卜素含量的影响　　单位：$mg \cdot g^{-1}$

处理组	分枝期	开花期	结荚期	鼓粒期	成熟期
CK	0.66 ±0.03a	0.48 ±0.03a	0.64 ±0.04c	0.22 ±0.01d	0.11 ±0.01c
C1	0.67 ±0.04a	0.48 ±0.02a	0.72 ±0.04b	0.30 ±0.02c	0.19 ±0.01b
C2	0.64 ±0.04a	0.50 ±0.03a	0.83 ±0.03a	0.41 ±0.03ab	0.21 ±0.02ab

表 4－25(续)

处理组	分枝期	开花期	结荚期	鼓粒期	成熟期
C3	0.66 ±0.01a	0.52 ±0.04a	0.81 ±0.04a	0.39 ±0.02b	0.20 ±0.01b
C4	0.68 ±0.03a	0.49 ±0.02a	0.87 ±0.05a	0.44 ±0.03a	0.23 ±0.02a

注:同一列中不同的小写字母表示处理组间差异显著($P<0.05$)。

综合表 4－24 和表 4－25 可知,一定浓度的硒可以提高大豆叶片的光合性能,提高叶片中类胡萝卜素和叶绿素的含量,从而保护光合膜微组织的完整性,较长时间的维持叶片的合成功能,为获取光合产物创造良好的物质基础。与亚硒酸钠相比,等量的富硒叶面肥作用更为显著。

六、叶面施硒对大豆营养品质和籽粒矿物质元素含量的影响

大豆含有丰富的蛋白质和脂肪等重要的有机营养成分,还含有多种矿物质营养元素,是人体需要的多种微量元素的重要来源。除了直接供人们饮食外,豆饼也是畜禽的重要饲料。因此,当大豆的营养成分恒定时,除了要了解蛋白质、脂肪等基本的有机营养成分外,还应对其提供给人体必需的矿质元素给予充分评估。

(一)叶面施硒对大豆籽粒中蛋白质含量的影响

如图 4－14 所示,施硒后,籽粒中蛋白质含量增加。在 C1 ~ C4 处理组浓度下,籽粒中的蛋白质含量可分别比 CK 组提高 4.21% 、65% 、6.34% 和 9.09% ,除了 C1 组差异不显著,其他均达到了显著水平($P<0.05$)。硒浓度增加,蛋白质含量也线性提高。

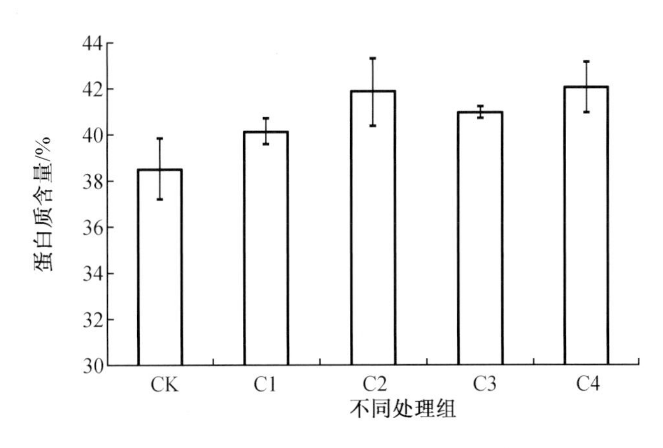

图 4－14　叶面施硒对大豆籽粒中蛋白质含量的影响

(二)叶面施硒对大豆籽粒中粗脂肪含量的影响

叶面施硒对大豆粗脂肪含量的影响如图 4－15 所示,各处理组的粗脂肪含量分别为 20.66% 、21.30% 、20.89% 、20.38% 和 21.50% 。各处理组虽存在差异,但差异在 5% 水

平，不显著。这说明施用不同硒肥后不能改变脂肪的含量。

（三）叶面施硒对大豆籽粒中粗脂肪和蛋白质总量的影响

如图4－16所示，叶面施硒提高了大豆的营养品质。五个处理组的蛋白质和脂肪总量分别为59.16%、61.42%、62.72%、61.32%和63.50%，其中C1～C4处理组分别比对照组提高了3.82%、6.02%、3.65%和7.34%，C2和C4处理组的总量较高，但两处理组间差异未见显著差异（$P<0.05$）。这说明施用30 g/hm^{2}的亚硒酸钠和富硒叶面肥的处理可以显著提高大豆籽粒中蛋白质和粗脂肪总量，进一步提高了其营养品质。

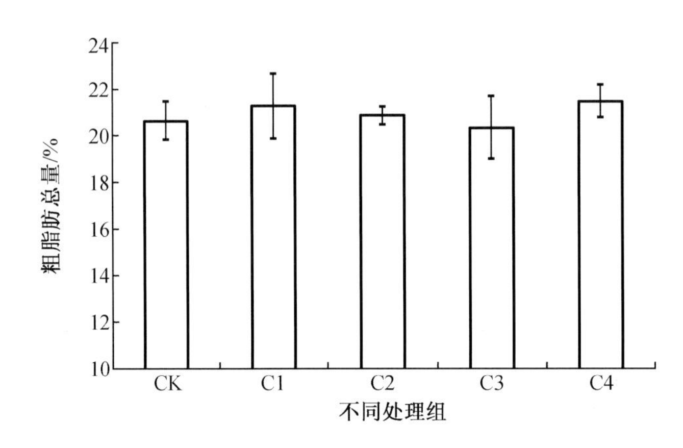

图4－15　叶面施硒对大豆籽粒中粗脂肪含量的影响

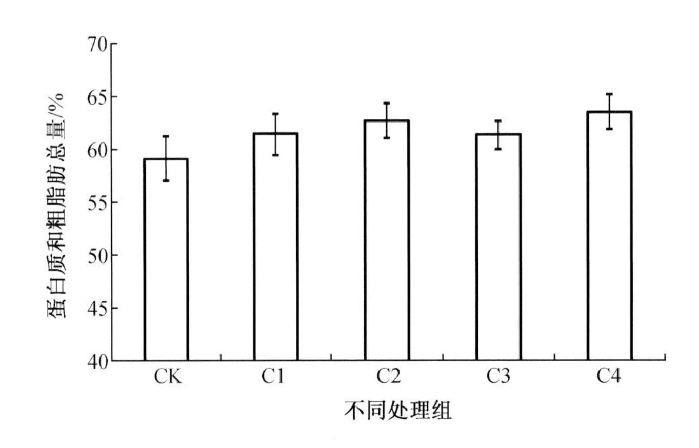

图4－16　叶面施硒对大豆籽粒中蛋白质和粗脂肪总量的影响

（四）叶面施硒对大豆籽粒中矿质元素含量的影响

如表4－26所示，关于大豆籽粒中铁的含量，C1～C4处理组条件下，可比CK组提高5.53%、7.92%、7.29%和8.19%。其中，C2、C3和C4处理组与CK组差异显著。这表明施硒促进了体内铁元素的积累。关于大豆籽粒中铜的含量，各施硒处理组的铜含量分别比CK组降低了0.79 mg/kg、0.88 mg/kg、0.73 mg/kg和0.93 mg/kg。这说明施入硒肥后,硒与铜元素发生拮抗作用,降低了铜元素的积累。本试验条件下,施硒对于钙、锰和锌元素的吸收影响不大,未明显改变其含量。

表 4－26 施硒对大豆籽粒中铁、锰、铜、锌、钙元素含量的影响

处理组	铁/(mg·kg^{-1})	锰/(mg·kg^{-1})	铜/(mg·kg^{-1})	锌/(mg·kg^{-1})	钙/(mg·kg^{-1})
CK	89.38±1.26b	25.12±1.61a	8.99±0.52a	37.22±1.46a	1 400.53±69.18a
C1	94.32±2.59ab	24.89±0.93a	8.20±0.27b	38.13±2.23a	1 459.89±88.33a
C2	96.46±2.52a	25.66±1.56a	8.11±0.31b	38.77±0.80a	1 377.22±83.93a
C3	95.90±4.57a	25.10±1.42a	8.26±0.28b	37.15±2.46a	1 438.00±57.52a
C4	96.70±2.96a	25.47±0.46a	8.06±0.45b	38.21±1.10a	1 422.30±22.34a

注:同一列中不同的小写字母表示处理组间差异显著($P<0.05$)。

七、叶面施硒对大豆籽粒中重金属含量的影响

众所周知,重金属属于非营养元素。它的来源非常广,包括重工业的生产及污染物的肆意排放、农业化肥和农药的不当利用等。许多研究表明,硒可以与重金属元素结合,拮抗并减弱其毒性。因此,本试验测定了施硒后大豆籽粒中重金属的含量,这对于提高人民生活水平和农产品的安全性具有重要的意义。

(一)叶面施硒对大豆籽粒中镉元素含量的影响

镉的毒害作用非常大。有研究称,土壤受到一定的镉污染后,土壤肥力迅速下降,经植物吸收转化后,作物的生长发育受到一定的抑制,产量和品质大大降低,威胁着人类的健康。20 世纪时有人发现,植物体内的镉浓度随着硒水平的提高呈降低的趋势。

如图 4－17 所示,CK 处理组的镉含量最高,为 0.151 mg/kg,但未超过国家规定粮食中的最大限量(0.20 mg/kg),这说明当地受到的镉污染程度较轻。C1～C4 处理组与 CK 组相比,大豆籽粒中镉元素的含量分别降低了 7.95%、29.14%、9.93% 和 33.11%。可以看出,低浓度的硒对镉的抑制作用并不显著,当施硒量达到 30 g/hm^2 时,其抑制作用越来越明显,有效地降低了大豆对镉元素的吸收作用。

(二)叶面施硒对大豆籽粒中铅元素含量的影响

铅元素也是一种对人体危害极大的有毒重金属,进入机体后将会对肾脏、心血管、消化、神经等多个系统造成严重危害,且只有少部分会随着身体代谢排出体外,剩余的部分会在体内大量沉积。铅对儿童和婴幼儿的伤害作用更大,少量的铅就会引起儿童和幼儿发育矮小、注意力不集中、智力下降等不良现象的发生。因此,本试验检测了大豆籽粒中的铅含量,以期为减弱农作物中重金属的毒害作用提供依据。

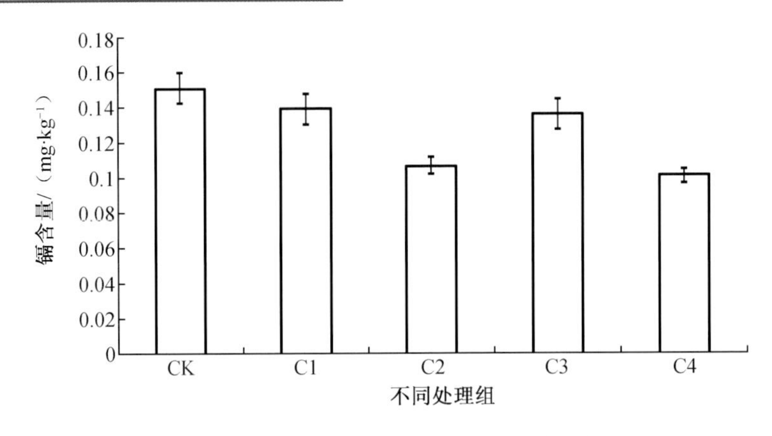

图 4－17　叶面施硒对大豆籽粒中镉元素含量的影响

如图 4－18 所示，叶面施硒对铅元素的影响较大。CK 处理组的铅含量为 0.143 mg/kg，各施硒处理组的铅含量分别比 CK 组降低了 4.20%、21.68%、50% 和 23.78%。当施硒量为 15 g/hm^{2}时，C1 和 C3 处理组降低的幅度不是很大。当施硒量为 30 g/hm^{2}时，C2 和 C4 处理组的铅含量显著下降。这说明在一定范围内，硒的浓度越大，铅的浓度就越小，有效控制了铅的吸收。

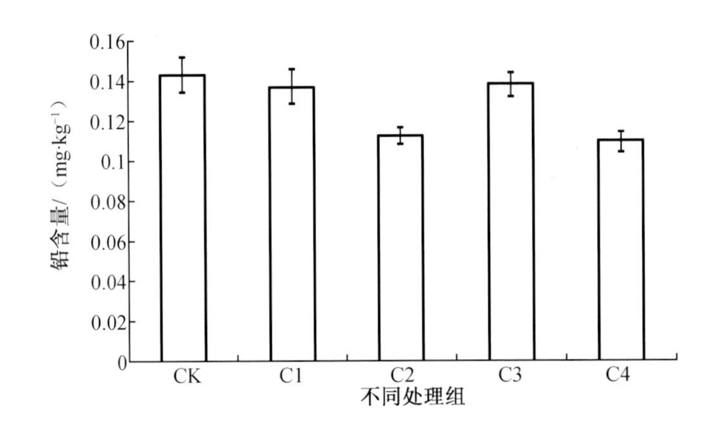

图 4－18　叶面施硒对大豆籽粒中铅含量的影响

（三）叶面施硒对大豆籽粒中汞元素含量的影响

元素汞具有一定的挥发性，吸入人体后，会对人体的中枢神经造成一系列的伤害，会引起腹泻、呕吐、呼吸困难、肠胃溃疡、呼吸衰竭，甚至死亡。

如图 4－19 所示，叶面施硒降低了大豆籽粒中汞含量。CK 处理组的汞含量为 0.018 3 mg/kg，符合国家的安全标准(0.02 mg/kg)。C1～C4 处理组浓度下，汞含量分别为 0.015 mg/kg、0.011 mg/kg、0.016 mg/kg 和 0.010 mg/kg，分别比 CK 组的汞含量下降 18.03%、39.89%、12.57%、45.36%。

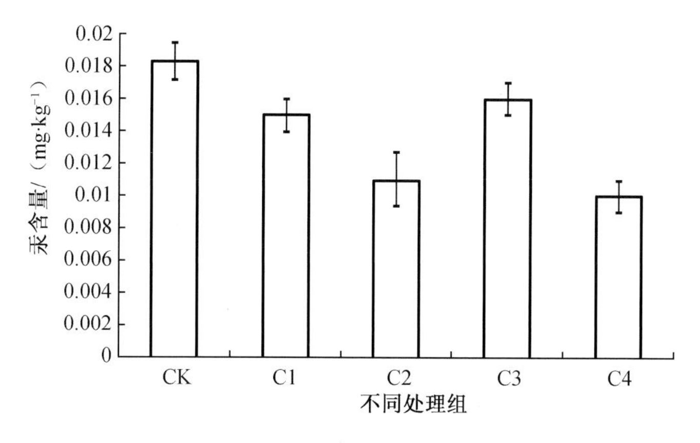

图 4－19　叶面施硒对大豆籽粒中汞含量的影响

八、讨论

自由基的存在会对组织细胞和生物膜产生一定的损伤作用，引起一系列的病理变化，对机体造成一定的伤害。为了抵御这些不良环境对细胞及细胞膜结构的伤害作用，有机体在长期的进化过程中逐渐形成了适应生存环境的抗氧化防御系统（包括 GSH－Px、SOD、POD，等等），可以起到保护和修复细胞的功能。硒元素在植物体内具有多种生物学和生理功能，包括参与一系列的氧化还原反应、清除过多的自由基等。植物经叶面施硒肥后，植物的抗氧化能力增强，对环境的胁迫抗性也随之增强。黄进研究了不同硒浓度对作物抗氧化系统的影响，结果表明硒浓度低于 0.10 mmol/L 时，超氧化物歧化酶和谷胱甘肽过氧化物酶活性等显著提高。夏永香认为，施硒后大蒜的光合能力提高，体内可溶性糖和可溶性蛋白含量增加显著。本试验的研究结果与前人一致，施硒可以显著提高大豆叶片的酶活性。五个时期内，POD 活性可提高 4.64%～17.29%；SOD 活性表现为前期以 C2 和 C4 处理组提高显著，但生育后期亚硒酸钠处理下降较快，结果表现不如 C3 和 C4 处理组；GSH－Px 活性最大可提高 97.92%。且施硒降低了大豆叶片中 MDA 的积累，以 C4 处理组效果显著。施硒使生育期内酶活性有效提高，降低了膜脂过氧化物的积累，增强了大豆植株的抗氧化能力，延缓了作物生育后期的衰老。这可能是由于试验大豆生育前期黑龙江省的气温普遍偏低，施硒的效果显著所致。

叶绿素在植物体内发挥重要作用，包括光能的吸收和传递等。从某种意义上说，植物的叶绿素含量常常代表着植株的光合能力，其含量的大小被看作是叶片氧化衰老的重要指标。叶绿体中虽然不含有硒，但是它以另外的一种形式（硒－基酸）参与叶绿素前体物质的合成。本试验认为，硒在植物体内的叶绿素合成过程中起调节作用，促进了大豆叶片中叶绿素的合成，最高可提高 50.75%，利于产生更多的干物质。施硒对于大豆生育前期类胡萝卜素含量的影响不大，生育后期其作用才显著提高（$P<0.05$）。

大豆叶片中可溶性蛋白和可溶性糖在植物体内同样具有重要作用，包括维持叶片生长、延长光合功能期、合成一定量的碳水化合物及调节和刺激作物的生长发育。本试验认为,施硒可显著提高五个测定期内大豆叶片中可溶性蛋白和糖的含量,可溶性蛋白的提高幅度为 0.41% ~60.20% 不等,可溶性糖含量以 C2 和 C4 处理组优于其他处理组。施硒利于合成更多的物质,增强作物的抗性。

施硒刺激了大豆的生长发育,使作物各时期各器官的质量都有所增加。从五个时期的地上部分积累量上分析表现为 C4 > C3 > C2 > C1 > CK。这为大豆籽粒的形成和籽粒的灌浆提供了充足的营养物质,刺激了大豆的生长发育,进而提高了大豆产量。叶面施用不同类型的硒肥后,作物各器官均有硒的分布,说明大豆对硒具有良好的富集作用。两种硒肥间进行比较,叶面肥中硒的形态为螯合硒,吸收利用率较单一形式的亚硒酸钠处理效果好,但具体机理需进一步研究。在喷硒处理中,由于抗氧化酶促系统和非酶系统的协调保护,延长了大豆叶片的光合时间,延缓了叶片的衰老,在增加籽粒的百粒重方面发挥了作用,整体的产量有所提高,以 C4 处理组的增产幅度较大,为 7.55% 。

对于硒提高作物籽粒营养品质方面,杨莉等研究了施硒后对水稻生长发育及籽粒营养品质的影响,结果表明硒提高了水稻的抗氧化能力,协调了抗氧化系统的动态平衡,促进了对一些营养元素的吸收,增加了籽粒中的氨基酸和蛋白质的含量。本试验认为,施硒对大豆蛋白质含量的影响较大,最高可提高 9.09% 。对于矿质元素吸收方面,方勇的试验认为,叶面施硒可以促进铁和锰元素的吸收。胡莹认为,施硒降低了植物中锰元素的积累。本试验条件下,硒元素促进了铁的吸收,各处理组的铁含量分别比 CK 组提高了 5.53% ~8.19% ;硒元素抑制铜元素的积累,而对于籽粒中锌、钙和锰元素含量的影响不显著。

许多研究表明,硒与重金属之间有一定的拮抗作用。刘春梅等认为,施硒后降低了水稻各营养器官中的镉含量。周鑫斌、于淑惠、郑淑华和李瑞平最新的研究表明,施硒后影响了作物对汞、铅和镉的吸收,减少了其毒性。本研究结果表明,低浓度的硒处理对于农作物中的有毒元素拮抗作用不明显,随着硒浓度的升高,大豆籽粒中的铅、镉和汞含量显著下降。这说明硒元素可降低大豆籽粒中重金属含量,对缓解毒害方面意义重大,但其作用机理还需进一步的试验和分析。

九、结论

(1)叶面施硒可以提高大豆植株中各器官的硒含量,通过叶片吸收的硒元素在植株体内的分布为籽粒 > 叶片 > 豆荚 > 茎。硒浓度增加,各器官的硒含量也随之增加。成熟籽粒的硒含量最大,且叶面肥处理比等硒含量的亚硒酸钠处理效果更好。

(2)不同时期施硒促进了大豆各器官的干物质积累量。收获期,各施硒处理的总干物重最大可比 CK 处理组提高 11 个百分点,利于作物的高产。

(3)适量的硒刺激可促进大豆的生长发育,使酶活性(包括 GSH - Px、SOD、POD)显著提高,同时作物的抗逆性增加,促进了大豆的光合能力,植株体内可溶性糖和蛋白的含量也有所增加。整体来说,施硒使叶片的理化活性增强,抗氧化衰老能力也增强。

（4）对于提高大豆百粒重方面，C3 和 C4 处理条件下，百粒重分别比 CK 组提高 1.84 g 和2.44 g。各处理组的产量分别比 CK 组提高了 0.30%、5.40%、4.08%和7.55%，C4 处理组的增幅最大。

（5）施硒后，大豆籽粒的蛋白质含量提高，并促进了铁元素的吸收。施硒浓度在 30 g/hm^2 时，可以有效拮抗植株体内重金属元素。

（6）综上所述，考虑投入和产出比，C4 处理组（富硒叶面肥施用量 30 g/hm^2）为最佳施肥方案。

第五章　黑龙江省富硒大豆栽培技术规程

第一节　原茬地免耕覆秸化肥农药减施大豆提质增效富硒技术

一、技术概述

（一）技术基本情况

大豆农田障碍是由不合理施肥耕作等多种因素共同作用的结果。因此合理减施化肥，提高养分利用率及优化有机物料配施化肥技术，稳定提升大豆农田耕层养分库容，以及增强大豆根域固氮能力，促进大豆稳产、增产，兼顾土壤肥力促效增效，是东北寒区种植春大豆亟待解决的关键问题。基于大豆玉米轮作系统，以牲畜粪便和农田废弃秸秆为主要外源有机物料，选择北方典型大豆主产区以定位试验和集中示范田为基地，在化肥减量基础上，将秸秆还田和畜禽粪便有机肥料为培肥基料，开展有机物料部分替代化肥增效技术，进行大豆富硒技术的应用、肥料缓释协同技术和大豆减肥全程一体化增效单项技术的提升研究，最终结合机械、耕作及其他农艺措施，集成适宜于东北春大豆区域减量高效的施肥技术模式并大面积推广。

应用的主要核心技术为化肥农药减量配施有机物料，大豆叶面喷施富硒方式，大豆肥药减量全程一体化缓控释。

（二）技术示范推广情况

在黑龙江大豆主产区黑河大面积应用 7 年，示范推广 2 万亩，集成的综合技术模式辐射 30 万亩，培训农技人员 200 人次，培训新型职业农民 0.3 万人次。

（三）提质增效情况

我们构建了高度轻简化耕播机械化技术体系，实现一次进地完成多项作业，显著节约了机械作业成本，有效降低了土壤压实破坏程度，保证适时播种质量，合理提升玉米茬口残留肥料供氮潜力，促进有机、无机肥料协同高效，有效解决了长期困扰农业生产的豆玉轮作体系下秸秆合理还田、匀植保苗、化肥减施增效、土壤有机质下降、农业面源污染加重等难题，化肥农药减量 25% 以上，肥料利用率提高 12% 以上，化学农药利用率提高 8% 以上，大豆平均亩产增加 5%，大豆籽粒富硒范围硒含量为 118 ~ 308 μg/kg，最高可达

620 μg/kg，抗病、抗倒伏效果显著，示范区域亩节本增效 115 元以上。

二、技术要点

（一）地块选择

选择前茬为禾谷类作物地块，忌重茬和迎茬。根据东北种植结构发展趋势，建议采用“玉－玉－豆”的轮作模式。选用地势平坦、土壤疏松、肥力较高、前茬未使用对大豆有害的长效除草剂的地块，如前茬施用过含氯磺隆、甲磺隆成分的除草剂（如麦草宁、麦草灵），以及玉米种植过程中施用的阿特拉津均对后作大豆影响较大。

（二）土壤耕作

对于砂质土壤及土壤墒情较差地区，推荐采用高留茬收获、播后覆盖还田方式，其机械化作业工艺过程如图 5－1 所示。

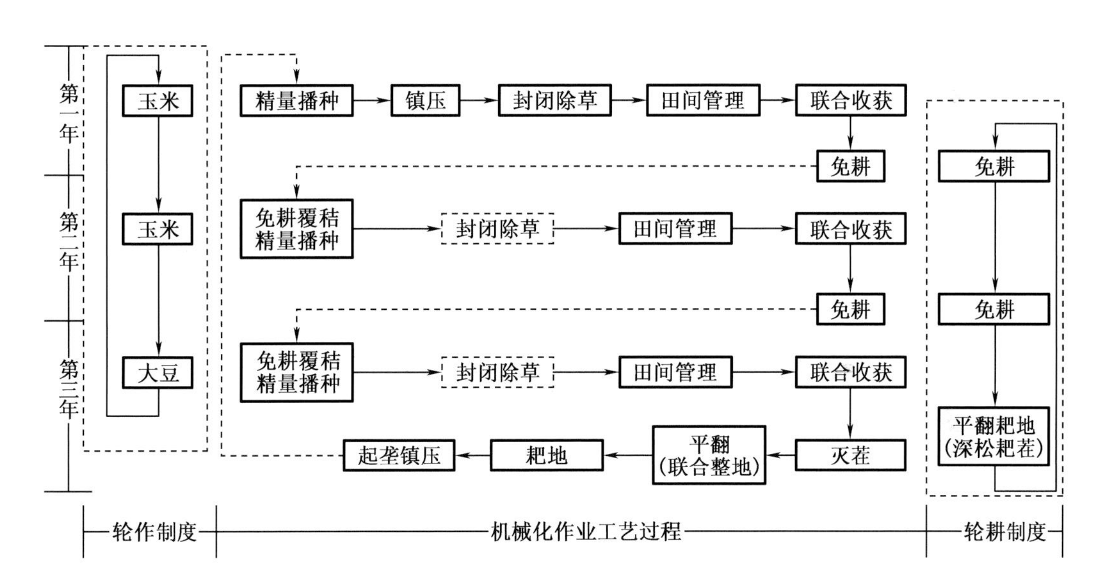

图 5－1　机械化作业工艺过程

依据不同作物后茬特点对应采用“免－免－松”“免－免－翻”或“免－免－联合整地”的土壤耕作方式，即玉米后茬无须整地和秸秆残茬处理，采用原茬地免耕覆秸播种机械化技术直接免耕精量播种覆秸作业。对于玉米连作 2 年后种植大豆等秸秆易于处理的作物，在大豆收获后，可以按照常规整地方式作业，应用联合整地机、齿杆式深松机或全方位深松机等进行深松整地作业。提倡以间隔深松为主的深松耕法，构造“虚实并存”的耕层结构。间隔深松要打破犁底层，深度一般为 35～40 cm，稳定性≥80%，土壤膨松度≥40%，深松后应及时合墒，必要时镇压。对于田间水分较大的地区，需进行耕翻整地。对于平作模式，无须任何处理作业，待墒情适宜时直接播种即可。对于垄作模式，可以根据墒情随中耕培土后起垄。连作区土壤耕作可参考轮作区土壤耕作方式实施。

（三）精量播种施肥

1. 品种选择

按当地生态类型及市场需求，因地制宜地选择通过审定的耐密、秆强、抗倒、丰产性突出的主导品种。品种熟期要严格按照品种区域布局规划要求选择，坚决杜绝跨区种植。应用清选机精选种子，要求纯度 >99%，净度 >98%，发芽率 >95%，水分 <12%，粒型均匀一致。

2. 种子处理

在播种前根据当地的各种病虫害发生情况，应用包衣机将精选后的种子和种衣剂拌种包衣，针对根腐病可采用复合微生物菌剂进行拌种，针对虫害可采用吡虫啉或多克福进行拌种，对一些地下害虫严重发生的地方，可以在避免药害及拮抗作用的前提下对种子进行二次包衣处理。

3. 播种施肥

在播种适期内，根据品种类型、土壤墒情等条件确定具体播期。抓住地温早春回升的有利时机，利用早春"返浆水"抢墒播种。当耕层 5 ~ 10 cm 地温稳定为 10 ~ 12 ℃时开始进行播种，并做到连续作业，防止土壤水分散失。

提倡测土配方施肥和机械深施，充分利用豆玉轮作体系前茬玉米累积残留肥料。采用化肥减量配施有机肥增效技术，在当地大豆化肥减量 25% 的基础上，进行有机肥替代部分化肥，在大豆玉米轮作体系下，高产田地块以 75% 化肥（NPK：尿素、磷酸二胺、硫酸钾）+50% N（有机肥或生物菌肥）+ 叶面肥（富硒营养液）+ 种子包衣为核心施肥技术。中产田地块以 80% 化肥（NPK：尿素、磷酸二胺、硫酸钾）+50% N（有机肥或生物菌肥）+ 叶面肥 + 种子包衣为核心施肥技术，50% N 为按有机肥中氮含量代替化肥尿素氮素用量。

叶面肥为富硒营养液。叶面补硒将硒肥料配成浓度为 70 ~ 120 mg/kg 的硒溶液，在开花期、结荚期补硒 2 次。每次每公顷机械均匀喷施硒溶液 450 ~ 650 kg，要求叶片、幼荚表面、茎均要喷施到硒溶液，以不滴水为度；应选阴天或晴天下午 4 时后施硒；硒溶液浓度精准，距叶片 35 cm 细雾均匀喷施；施硒后 6 h 之内遇雨水冲洗，应及时补喷 1 次；不应与碱性农药、肥料混用；采收前 20 d 停止施硒。

结合播种施种肥于种侧 5 ~ 6 cm、种下 5 ~ 8 cm 处，种子和化肥要隔离 5 cm 以上。施肥量按照农艺要求调节施用，各行施肥量偏差≤5%，施肥深度合格指数≥75%，种肥间距合格指数≥80%，地头无漏肥、堆肥现象，切忌种肥同位。

覆土镇压强度根据土壤类型、墒情进行调节，随播种施肥随镇压，做到覆土严密，镇压适度（3 ~ 5 kg/cm^2），无漏无重，抗旱保墒。

（四）田间管理

1. 中耕

采用免耕覆秸精量播种机播种大豆的地块，视土壤墒情确定是否需要中耕及中耕作业次数，若土壤墒情不好时，建议不中耕。需要中耕时，可以按照常规方式实施。

垄作春大豆一般中耕 2 ~ 3 次，在第 1 片复叶展开时，进行第一次中耕，耕深 15 ~ 18 cm，或垄沟深松 18 ~ 20 cm，要求垄沟和垄侧有较厚的活土层；在株高 25 ~ 30 cm 时，进行第二次中耕，耕深 8 ~ 12 cm，中耕机需高速作业，提高垄土挤压苗间草的效果；封垄前进行第 3 次中耕，耕深 15 ~ 18 cm。次数和时间不固定，根据苗情、草情和天气等条件灵活掌握，低涝地应注意培高垄，以利于排涝。平作密植春大豆，建议中耕 1 ~ 3 次，以行间深松为主，深度第 1 次为 18 ~ 20 cm，第 2、3 次为 8 ~ 12 cm，松土灭草。

推荐选用带有施肥装置的中耕机，结合中耕完成追肥作业。根据杂草情况选用中耕苗间除草机，边中耕边除草。

2. 病虫草害防控

根据不同地区用药习惯、病虫草害情况、土壤、气候条件等，结合大豆栽培过程，采用“一拌、一封、三诱、一喷、一寄生”进行综合防控。

“一拌”即采用种子包衣的方法预防地下病虫害。

“一封”即封闭除草。应用 2BMFJ 系列原茬地免耕覆秸精量播种机提供的化控药剂喷施系统在播种同时实施封闭除草，将除草剂直接喷施到施肥播种镇压后的净土上，减少用药量；也可以在播后出苗前，一般播后 3 天，应用风幕式喷药机实施封闭除草。

封闭除草配方以乙草胺、精异丙甲草胺为主，复配噻吩磺隆、嗪草酮、异恶草松、2,4 - D 异辛酯等不同用药规格，这些除草剂用量按当地用药量的 75% 加助剂施倍丰 75 g/hm^2（或助剂激健 225 g/hm^2）。

“三诱”技术：①“性诱”，用大豆食心虫性诱剂诱集并监测成虫发生情况；②“色诱”，用黄色黏板诱集并监测大豆蚜发生情况；③“食诱”，用食诱剂诱集并监测食叶类害虫发生情况。

“一喷”即视病情在苗期喷施枯草芽孢杆菌可湿性粉剂，视草情结合苗后大豆 1 片复叶期实施茎叶除草。茎叶除草配方以防除阔叶杂草的除草剂相混用，尤其以氟磺胺草醚、苯达松两种药剂混用较多，再加入能混用的防除禾本科杂草药剂。除草剂用量按当地用药量的 75% 加助剂施倍丰 75 g/hm^2（或助剂激健 225 g/hm^2）。

“一寄生”即当日均诱捕量达 11.3 头/诱捕器时，释放黏虫赤眼蜂。

采用喷杆式喷雾机或风幕式喷药机或农业航空植保等机具和设备，按照机械化植保技术操作规程进行病虫草害防控作业。

3. 化学调控

化控剂具有可控制大豆株型和生理代谢的作用，可视大豆所处生育阶段和长势选择适宜的化控剂产品，配套适宜的植保机械设备，按照机械化植保技术操作规程进行化控作业。

4. 收获作业

（1）收获原则：实行分品种单独收获，单储，单运。

（2）收获时期：机械联合收割，叶片全部落净、豆粒归圆时进行。

(3)收获质量:割茬低,不留荚,割茬高度以不留底荚为准,一般为5~6 cm。收割损失率<1%,脱粒损失率<2%,破碎率<5%,泥花脸率<5%,清洁率>95%。

三、适宜区域

对于东北三省采用任何方式收获后的玉米等作物任意形态秸秆留茬地(建议高留茬),秸秆残茬无须任何处理,以原茬地免耕覆秸精量播种机为载体,依据不同地区土壤和气候条件,生产力水平选择适宜的各项技术参数,达到大豆生产化肥农药减施增效提质环保的目标。

四、注意事项

(1)播种机组作业速度、播种密度、深度根据品种和栽培农艺要求参照播种机说明书进行调节。

(2)商品有机肥购买时需满足标准成分(NPK含量≥5%,有机质含量≥40%),施用时建议按化肥减量(50% NPK)结合其养分含量进行折算;叶面肥在大豆开花期建议选择无风或阴天进行叶面均匀喷施。

(3)虫害防治必选技术为种子处理技术、田间放蜂技术,备选技术为"三诱"技术,视田间害虫发生情况而定。监测食叶类害虫要注意草地螟等迁飞性害虫,达到防治指标时,可根据发生情况适当采取化学防治。

(4)除草剂施用要注意环境。要求土壤湿润,相对湿度为80%;温度适当(≥15 ℃),避免高温(≥30 ℃)、大风天气及土壤干旱时喷施除草剂。禁止在降低除草剂用量的同时成倍地加大助剂用量,以避免助剂造成药害。土壤封闭处理时如已有很多杂草出来,可选用2,4-D异辛酯。注意对邻作玉米的影响。茎叶除草要考虑氟磺胺草醚和异恶草松的用量不能超过后茬作物要求的限制用量。

(5)根腐病发生特别严重的重茬地区可采用高效低毒化学药剂阿维菌素·多菌灵·福美双进行种子包衣防治。

五、技术依托单位

(一)单位名称:东北农业大学(免耕技术指导)

联系地址:黑龙江省哈尔滨市香坊区长江路600号

邮政编码:150030

(二)单位名称:黑龙江省农业科学院土壤肥料与环境资源研究所(养分调节指导)

联系地址:黑龙江省哈尔滨市南岗区学府路368号

邮政编码:100086

(三)单位名称:黑龙江省农业科学院黑河分院(富硒技术指导)

联系地址:黑河市环城西路345号

六、轮作轮耕播种技术模式

轮作轮耕播种技术模式如图 5－2～5－6 所示。

(a)

(b)

图 5－2　深松、联合整地、起垄、镇压耕整地作业

(a) (b) (c) (d) (e) (f)

图 5－3　22.2～162.8 kW 拖拉机配套 2BMFJ 系列原茬地免耕覆秸播种机作业及播后覆秸状态

(a)

(b)

图 5－4　茎叶化控除草

(a)

(b)

(c)

(d)

图 5－5　中耕除草

(a)

(b)

图 5－6　玉米冻收及理想的留茬高度

第二节　粮豆轮作模式下大豆有机替代高产增效富硒增效技术

一、技术模式概述

（一）应用背景

针对我国东北春大豆主产区应用大豆玉米轮作技术模式时，玉米秸秆根茬残留量大、化肥农药依赖程度高、化肥使用量大且利用率低、土壤退化严重、播种质量差、农产品和生态环境污染严重等问题，合理减施化肥，提高养分利用率及优化有机物料配施化肥技术，稳定提升大豆农田耕层养分库容及增强大豆根域固氮能力，促进大豆稳产增产兼顾土壤肥力促效增效是东北寒区轮作体系下种植春大豆亟待解决的关键问题。以原茬地免耕覆秸精播机械化生产技术和配套系列机具为载体，集成组装高效抗病大豆品种、化肥减量配施有机肥、除草、病虫害防治等单项技术，构建了大豆玉米轮作秸秆播后覆盖还田的大豆化肥农药减施增效技术模式。

（二）主要核心技术及实施指标

基于大豆玉米轮作秸秆播后覆盖还田的大豆化肥农药减施增效技术，适用于大豆玉米轮作种植模式，利用精量种子包衣、有机物料配施、缓控释协调、叶面肥营养平衡多项技术精准调控，达到大豆稳产增效，提高农田土壤质量，改善作物品质，减轻化肥对环境的污染。

通过技术示范推广，化肥农药减量 25% 以上，肥料利用率提高 12% 以上，化学农药利用率提高 8% 以上，大豆平均亩产增加 5%，示范区域亩节本增效 115 元以上。

二、示范区域

在黑龙江省黑河瑷珲古城和绥化市望奎县东郊乡进行大面积示范，构建新型的、具有区域特色的减肥减药轮作模式和配套耕作栽培技术，监测土壤肥力变化和肥料效益评价。

黑河瑷珲古城现代农机合作示范基地核心示范面积 150 亩，辐射面积 1 000 亩。示范区位于瑷珲镇西三家子村东南方向约 2.49 公里（127°45′E，49°97′N）处，为固定场圃，紧邻 301 省道，地处中温带，年均气温为 −2.0 ~ 1.0 ℃，无霜期 105 ~ 120 天，年均降水量为 450 ~ 600 mm，年均蒸发量为 650 mm。绥化市望奎县东郊乡开展秸秆覆盖免耕播种化肥、农药减量栽培技术小面积示范，示范面积为 45 亩，属中温带大陆性季风气候，季节变化明显，气候四季差异大。绥化市坐落于松嫩平原呼兰河流域，东北部为小兴安岭西麓坡地，中部为漫岗漫坡丘陵区，西南部为平原，总体呈东部较高逐步向南倾斜的带状。其年平均气温为 3.3 ℃，年降水量为 543.5 mm，年平均相对湿度为 67%，年最大积雪深度为 40 cm，年日照时数为 2 682.4 h，年积温为 2 755 ℃，无霜期为 143 天。

三、示范内容

基于大豆玉米轮作系统，以牲畜粪便和农田废弃秸秆为主要外源有机物料，选择北方典型大豆主产区以定位试验和集中示范田为基地，在化肥减量基础上，将秸秆还田和畜禽粪便有机肥料为培肥基料，开展有机物料部分替代化肥增效技术，肥料缓释协同技术和大豆减肥全程一体化增效单项技术的提升研究，最终结合机械、耕作及其他农艺措施集成适宜于东北春大豆区域减量高效的施肥技术模式并大面积推广。

四、技术规程

（一）土壤耕作

采用原茬地免耕覆秸播种机械化技术直接免耕精量播种覆秸作业，在大豆收获后，可以按照常规整地方式作业，应用齿杆式深松机或全方位深松机等进行深松整地作业。深松后应及时合墒，必要时镇压。对于田间水分较大的地区，需进行耕翻整地。采用垄作模式，根据墒情随中耕培土后起垄。

对于砂质土壤及土壤墒情较差地区，推荐采用高留茬收获、播后覆盖还田方式，依据不同作物后茬特点对应采用“免－免－松”“免－免－翻”或“免－免－联合整地”的土壤耕作方式，即玉米后茬无须整地和秸秆残茬处理，采用原茬地免耕覆秸播种机械化技术直接免耕精量播种覆秸作业。对于玉米连作 2 年后种植大豆等秸秆易于处理的作物，在大豆收获后，可以按照常规整地方式作业，应用联合整地机、齿杆式深松机或全方位深松机等进行深松整地作业。提倡以间隔深松为主的深松耕法，构造“虚实并存”的耕层结构。间隔深松要打破犁底层，深度一般为 35～40 cm，稳定性≥80%，土壤膨松度≥40%，深松后应及时合墒，必要时镇压。对于田间水分较大的地区，需进行耕翻整地。对于平作模式，无须任何处理作业，待墒情适宜时直接播种即可。对于垄作模式，可以根据墒情随中耕培土后起垄。

（二）精量播种施肥

1. 品种选择

选择通过审定的耐密、秆强、抗倒、丰产性突出的主导品种，黑河地区主要为黑河号、黑河号系列品种，绥化大豆品种为绥农 42。品种熟期要严格按照品种区域布局规划要求选择，坚决杜绝跨区种植。应用清选机精选种子，要求纯度 >99%，净度 >98%，发芽率 >95%，水分 <12%，粒型均匀一致。

2. 种子处理

在播种前根据当地的各种病虫害发生情况，应用包衣机将精选后的种子和种衣剂拌种包衣结合微元素拌种，针对虫害可采用吡虫啉或多克福进行拌种，对一些地下害虫严重发生的地方，可以在避免药害及拮抗作用的前提下对种子进行二次包衣处理。

3. 播种施肥

播种适期内，根据品种类型、土壤墒情等条件确定具体播期。抓住地温早春回升的有利时机，利用早春“返浆水”抢墒播种。当耕层 5 ~ 10 cm 地温稳定为 10 ~ 12 ℃时开始进行播种，并做到连续作业，防止土壤水分散失。

提倡测土配方施肥和机械深施，利用原茬地免耕覆秸精播机，在当地大豆化肥减量 20% ~ 25% 的基础上，进行有机肥替代部分化肥，在大豆玉米轮作体系下，高产田地块以 75% 化肥（NPK：尿素、磷酸二胺、硫酸钾）+ 50% N（有机肥）+ 叶面肥 + 营养液包衣（结合种衣剂共同包衣）+ 叶面肥为核心施肥技术。中产田地块以 80% 化肥（NPK：尿素、磷酸二胺、硫酸钾）+ 50% N（有机肥）+ 叶面肥 + 营养液包衣（结合种衣剂共同包衣）为核心施肥技术，50% N 为按有机肥中氮含量代替化肥尿素氮素用量。大豆肥药减量全程一体化缓控释增效技术，优化作物产量与耕层养分供应效率提升的配比方案，配合筛选品种、营养剂及种衣剂包衣、浅翻深松及病虫草害兼控等配套农艺技术，集成大豆根际肥料缓释协同增效的技术模式。缓控释掺混肥料选择 N - P205 - K20 13 - 23 - 11，肥料比例不同区或有所浮动。使用量为常规施肥的 70% ~ 75%，结合作物生长防缺素用量为 150 ~ 200 kg/hm^2，肥料混拌一次性施。

叶面肥为富硒营养液。叶面补硒将硒肥料配成浓度为 70 ~ 120 mg/kg 的硒溶液，在开花、结荚期补硒 2 次。每次每公顷机械均匀喷施硒溶液 450 ~ 650 kg，要求叶片、幼荚表面、茎均要喷施到硒溶液，以不滴水为度。应选阴天或晴天下午 4 时后施硒；硒溶液浓度精准，距叶片 35 cm 细雾均匀喷施；施硒后 6 h 之内遇雨水冲洗，应及时补喷 1 次；不应与碱性农药、肥料混用；采收前 20 d 停止施硒。

结合播种施种肥于种侧 5 ~ 6 cm、种下 5 ~ 8 cm 处，种子和化肥要隔离 5 cm 以上。施肥量按照农艺要求调节施用，各行施肥量偏差≤5%，施肥深度合格指数≥75%，种肥间距合格指数≥80%，地头无漏肥、堆肥现象，切忌种肥同位。

覆土镇压强度根据土壤类型、墒情进行调节，随播种施肥随镇压，做到覆土严密，镇压适度（3 ~ 5 kg/cm^2），无漏无重，抗旱保墒。

（三）田间管理

1. 中耕

垄作春大豆一般中耕 2 ~ 3 次，在第 1 片复叶展开时，进行第一次中耕，耕深 15 ~ 18 cm，或垄沟深松 18 ~ 20 cm，要求垄沟和垄侧有较厚的活土层；在株高 25 ~ 30 cm 时，进行第二次中耕，耕深 8 ~ 12 cm，中耕机需高速作业，提高壅土挤压苗间草的效果；封垄前进行第 3 次中耕，耕深 15 ~ 18 cm。次数和时间不固定，根据杂草情况选用中耕苗间除草机，边中耕边除草。

2. 病虫草害防控

根据不同地区用药习惯、病虫草害情况、土壤、气候条件等，结合大豆栽培过程，采用“一拌、一封、三诱、一喷、一寄生”进行综合防控。“一拌”即采用种子包衣的方法预防地下病虫害。“一封”即封闭除草。应用大型喷灌设备在播种同时实施封闭除草，将除草剂直接喷施到施肥播种镇压后的净土上，减少用药量；也可以在播后出苗前，一般播后3天，应用风幕式喷药机实施封闭除草。

茎叶除草配方以乙草胺、25%水剂氟磺胺草醚为主，48%灭草松（苯达松）、24%烯草酮、异恶草松等不同用药规格，这些除草剂用量按当地用药量的75%加助剂施倍丰75 g/hm^2（或助剂激健225 g/hm^2）。

3. 化学调控

化控剂具有可控制大豆株型和生理代谢的作用，可视大豆所处生育阶段和长势选择适宜的化控剂产品，配套适宜的植保机械设备，按照机械化植保技术操作规程进行化控作业。

（四）收获作业

1. 收获原则

实行分品种单独收获，单储，单运。

2. 收获时期

机械联合收割，叶片全部落净、豆粒归圆时进行。

3. 收获质量

割茬低，不留荚，割茬高度以不留底荚为准，一般为5～6 cm。收割损失率小于1%，脱粒损失率小于2%，破碎率小于5%，泥花脸率小于5%，清洁率大于95%。

（五）注意事项

（1）播种机组作业速度、播种密度、深度根据品种和栽培农艺要求参照播种机说明书进行调节。

（2）商品有机肥购买时需满足标准成分（NPK含量≥5%，有机质含量≥40%），施用时建议按化肥减量（50% NPK）结合其养分含量进行折算；叶面肥在大豆开花前期建议选择无风、阴天进行叶面均匀喷施。

（3）除草剂施用要注意环境。要求土壤湿润，相对湿度为80%；温度适当（≥15℃），避免高温（≥30 ℃）、大风天气及土壤干旱时喷施除草剂。禁止在降低除草剂用量的同时成倍地加大助剂用量，以避免助剂造成药害。土壤封闭处理时如已有很多杂草出来，可选用2,4－D异辛酯。注意对邻作玉米的影响。茎叶除草要考虑氟磺胺草醚和异恶草松的用量不能超过后茬作物要求的限制用量。

（4）根腐病发生特别严重的重茬地区可采用高效低毒化学药剂阿维菌素·多菌灵·福美双进行种子包衣防治。

第三节　秸秆还田与化学肥料配合轻简化富硒大豆耕作实用技术

一、技术概述

目前在暗棕壤区作物施肥过于依赖化肥，虽然一定程度上能够维持作物的产量，但是产量的变化较大，不利于作物稳产高产，而且长期单施化肥造成了土壤中残留及养分失衡，降低土壤质量及可耕性。化肥与有机肥或麦秸还田配施，能更好地稳定及提高农作物的产量，改善土壤结构，增加土壤中的有机碳含量，对提升土壤肥力起到重要的作用。基于暗棕壤长期试验及相关研究结果，结合农业生产实际，提出以下培肥农田暗棕壤的主要技术模式。

二、技术要点

（一）氮、磷化肥配施

秸秆还田时间在适时范围内掌握一个早，秸秆直接还田时有作物与微生物争夺速效养分的矛盾，特别是争氮的现象，可通过补充化肥来解决。通常秸秆的碳氮比约为 80 ~ 100，因此应适当增施氮素化肥，对缺磷土壤则应补充磷肥。据试验，玉米秸秆腐解过程需要的碳、氮、磷的比例为 100:4:1 左右，一般每公顷还田秸秆 7 500 kg，需要施纯氮 67.5 kg 和纯磷 22.5 kg。

（二）秸秆粉碎与翻埋方法

秸秆粉碎还田机作业时要注意选择拖拉机作业挡位和调整留茬高度，粉碎长度不宜超过 10 cm，严防漏切。玉米秸秆不能撞倒后再粉碎，否则既不能将大部分秸秆粉碎，还会因粉碎还田机工作部件位置过低使扩刀片打击地面增加负荷，甚至使传动部件损坏。工作部件的离地间隙宜控制在 5 cm 以上。秸秆粉碎还田，加施化肥后要立即旋耕或耙地灭茬而后翻耕，翻压后如土壤墒情不足应结合灌水。在临近播种时要结合镇压，促秸秆腐烂分解。实施夏玉米免耕覆盖精播机械化技术时，要求前茬小麦秸秆粉碎后覆盖在地表，尽可能减少对土壤的翻动而直接播种，以保持土壤原有的结构、层次，同时也维持和保养了地力、墒情。但一定要在播种之后及时喷洒化学药剂，以消灭杂草及病虫害。在作物生长期间也不再进行其他耕作。

（三）翻埋时间

秸秆直接还田一般应在作物收割后立即耕翻入土，避免水分损失致使不易腐解。玉米在不影响产量的情况下应及时摘穗，趁秸秆青绿、含水率在 30% 以上时粉碎，此时秸秆本身含糖分、水分大，易被粉碎，对加快腐解、增加土壤养分也大为有益。在翻埋时旱地土壤的水分含量应掌握在田间持水量的60% 时为适合,如水分超过150%时,由于通气不良秸秆氮矿化后易引起反硝化作用而损失氮素。

(四)秸秆还田量

在薄地、化肥不足的情况下,秸秆还田离播期又较近时,秸秆的用量不宜过多;而在肥地、化肥较多、距播期较远的情况下,则可加大用量或全田翻压。注意应避免将有病害的秸秆直接还田。

适宜区域:本项技术适于黑龙江北部高寒地区,主要应用于暗棕壤土区域。

第六章　大豆富硒技术应用

第一节　大豆富硒技术多点应用

中央一号文件指出："2020 年是全面建成小康社会目标实现之年，是全面打赢脱贫攻坚战收官之年"；黑龙江省委省政府将"乡村振兴战略"作为推动农业农村工作总抓手，持续抓好农业稳产保供和农民增收，促进农业由总量扩张向质量效益提升转变，推进农业高质量发展。

黑龙江省农业科学院坚决贯彻落实中央、省委和省政府部署，通过加强科技创新支撑产业发展，通过示范引领产业发展，依靠打造质量品牌推动产业发展。通过提质增效技术转化应用，在提高产量，促进早熟，增强植物抗病性的前提下，增加农产品功能属性，提升农产品品质和附加值，促进农产品提档升级，让农民不但种得好，还要卖得好，带动农民增收、企业增效，助力地方经济发展。

2019 年黑龙江省农业科学院大范围示范应用生物活性硒提质增效技术，在省内设立大豆示范点 10 余个。

大量试验证明，应用生物活性硒提质增效技术不仅可以增加大豆的富硒保健功能，还有提高结荚率、增加四粒荚数量、增加百粒重等作用，从而显著增加产量；能促进大豆成熟期干物质积累，提升大豆蛋白含量，减少青豆，增加籽粒饱满度和成熟度（图 6 - 1），促早熟达 2 ~ 6 天；能强化植物机体，具有抗病抗倒伏的特点，从而帮助农民增产增收。

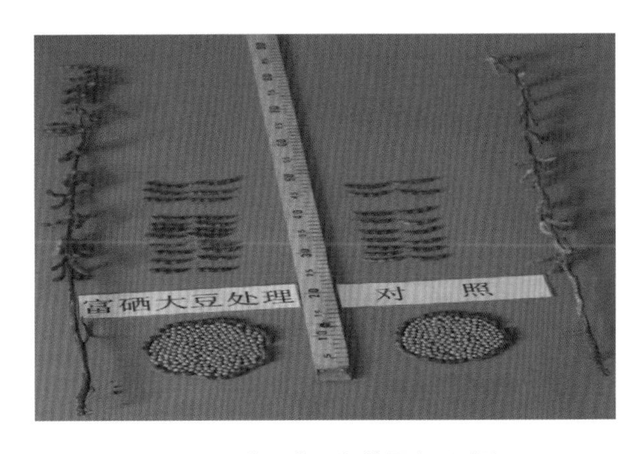

图 6 - 1　富硒大豆与普通大豆对比

以下为大豆使用生物活性硒提质增效技术的部分案例及相关检测报告(相关检测报告均由谱尼、国联质检等国际国内权威第三方检测机构出具)

第二节　富硒技术应用案例

一、案例一　2019 年黑龙江省农业科学院黑河分院大豆富硒案例

地点:黑龙江省农业科学院黑河分院示范基地。

生物活性硒处理组与对照组相比(图 6－2):①株高增高;②单株总荚数增多;③四粒荚数量增多;④三粒荚数量增多;⑤单株总粒数明显增多。

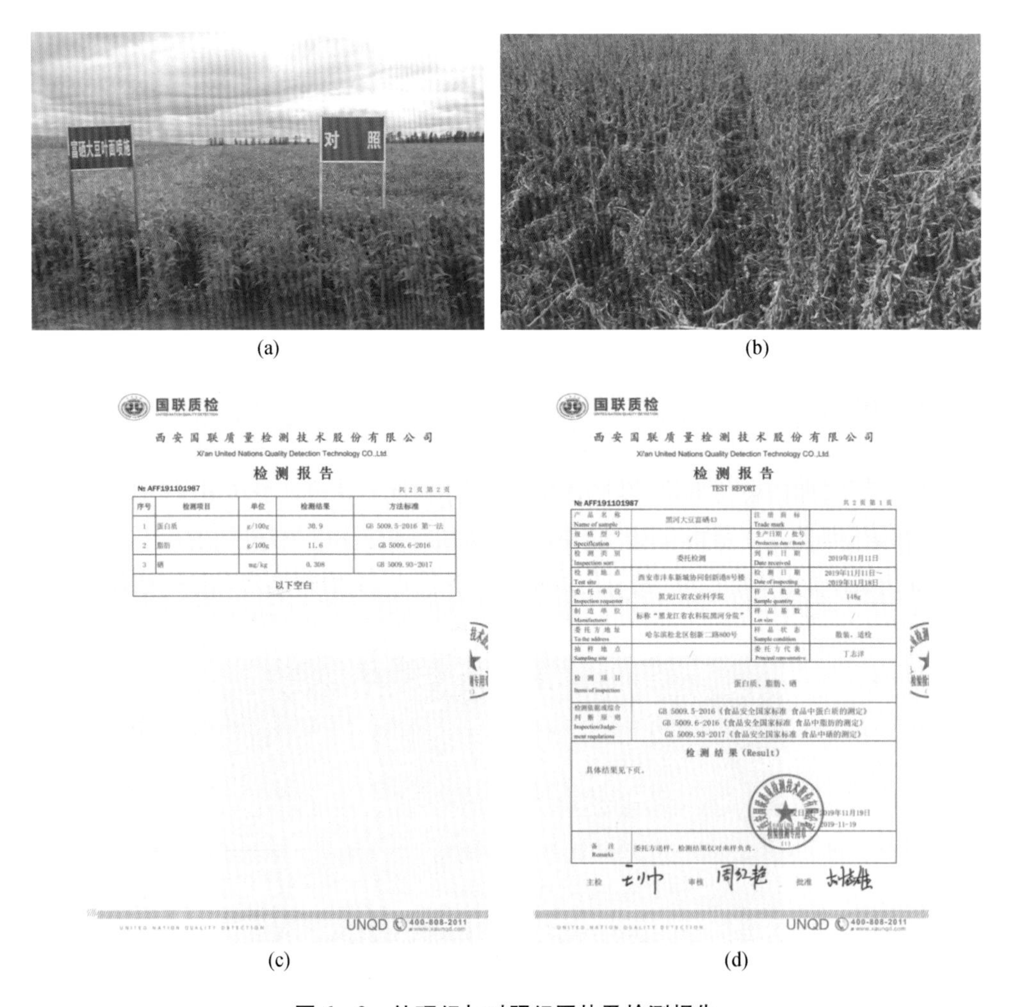

(a)　(b)

国联质检

西安国联质量检测技术股份有限公司

Xi'an United Nations Quality Detection Technology CO.,Ltd

检测报告

№ AFF191101987　共 2 页 第 2 页

序号	检测项目	单位	检测结果	方法标准
1	蛋白质	g/100g	38.9	GB 5009.5-2016 第一法
2	脂肪	g/100g	11.6	GB 5009.6-2016
3	硒	mg/kg	0.308	GB 5009.93-2017
以下空白				

UNQD 400-808-2011

(c)

国联质检

西安国联质量检测技术股份有限公司

Xi'an United Nations Quality Detection Technology CO.,Ltd

检测报告

TEST REPORT

№ AFF191101987　共 2 页 第 1 页

产品名称 Name of sample	黑河大豆富硒43	注册商标 Trade mark	/
规格型号 Specification	/	生产日期/批号 Production date/Batch	/
检测类别 Inspection sort	委托检测	到样日期 Date received	2019年11月11日
检测地点 Test site	西安市沣东新城协同创新港8号楼	检测日期 Date of inspecting	2019年11月11日～2019年11月18日
委托单位 Inspection requester	黑龙江省农业科学院	样品数量 Sample quantity	148g
制造单位 Manufacturer	标称"黑龙江省农科院黑河分院"	样品基数 Lot size	/
委托方地址 To the address	哈尔滨松北区创新二路800号	样品状态 Sample condition	散装、适检
抽样地点 Sampling site	/	委托方代表 Principal representative	丁志洋
检测项目 Items of inspection	蛋白质、脂肪、硒		
检测依据或综合判断原则 Inspection/Judgement regulations	GB 5009.5-2016《食品安全国家标准 食品中蛋白质的测定》 GB 5009.6-2016《食品安全国家标准 食品中脂肪的测定》 GB 5009.93-2017《食品安全国家标准 食品中硒的测定》		

检测结果(Result)

具体结果见下页。

签发日期 2019年11月19日
Issuing Date: 2019-11-19

备注 Remarks	委托方送样，检测结果仅对来样负责。

主检　　审核　　批准

UNQD 400-808-2011

(d)

图 6－2　处理组与对照组图片及检测报告

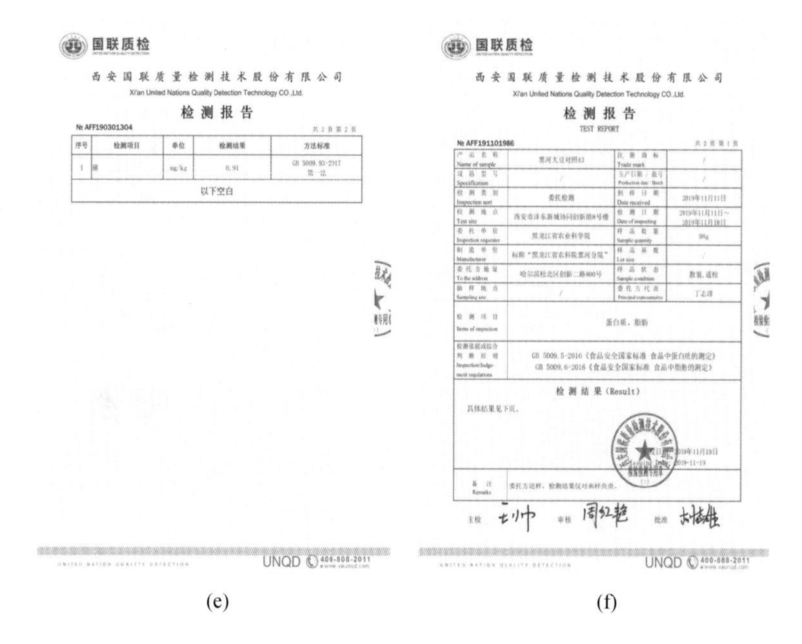

国联质检

西安国联质量检测技术股份有限公司

Xi'an United Nations Quality Detection Technology CO.,Ltd.

检测报告

№ AFF190301304　　共2页第2页

序号	检测项目	单位	检测结果	方法标准
1	硒	mg/kg	0.91	GB 5009.93-2017 第一法
以下空白				

UNITED NATION QUALITY DETECTION　UNQD 400-808-2011

(e)

国联质检

西安国联质量检测技术股份有限公司

Xi'an United Nations Quality Detection Technology CO.,Ltd.

检测报告

TEST REPORT

№ AFF191101986　　共2页第1页

产品名称 Name of sample	黑河大豆对照43	注册商标 Trade mark	/
规格型号 Specification	/	生产日期/批号 Production date/Batch	/
检测类别 Inspection sort	委托检测	到样日期 Date received	2019年11月11日
检测地点 Test site	西安市沣东新城协同创新港8号楼	检测日期 Date of inspecting	2019年11月11日～2019年11月18日
委托单位 Inspection requester	黑龙江省农业科学院	样品数量 Sample quantity	98g
制造单位 Manufacturer	标称"黑龙江省农科院黑河分院"	样品基数 Lot size	/
委托方地址 To the address	哈尔滨松北区创新二路800号	样品状态 Sample condition	散装，适检
抽样地点 Sampling site	/	委托方代表 Principal representative	丁志洋
检测项目 Items of inspection	蛋白质、脂肪		
检测依据或综合判断原则 Inspection/Judgement regulations	GB 5009.5-2016《食品安全国家标准 食品中蛋白质的测定》 GB 5009.6-2016《食品安全国家标准 食品中脂肪的测定》		
检测结果（Result）	具体结果见下页。 签发日期：2019年11月19日 Issuing Date: 2019-11-19		
备注 Remarks	委托方送样，检测结果仅对来样负责。		

主检　　审核　　批准

UNITED NATION QUALITY DETECTION　UNQD 400-808-2011

(f)

图 6－2(续)

二、案例二　2019 年黑龙江省农业科学院佳木斯分院大豆富硒案例

地点:黑龙江省农业科学院佳木斯分院示范基地。

生物活性硒处理组与对照组图片及检测报告如图 6－3 所示。

(a)

(b)

图 6－3　处理组与对照组图片及检测报告

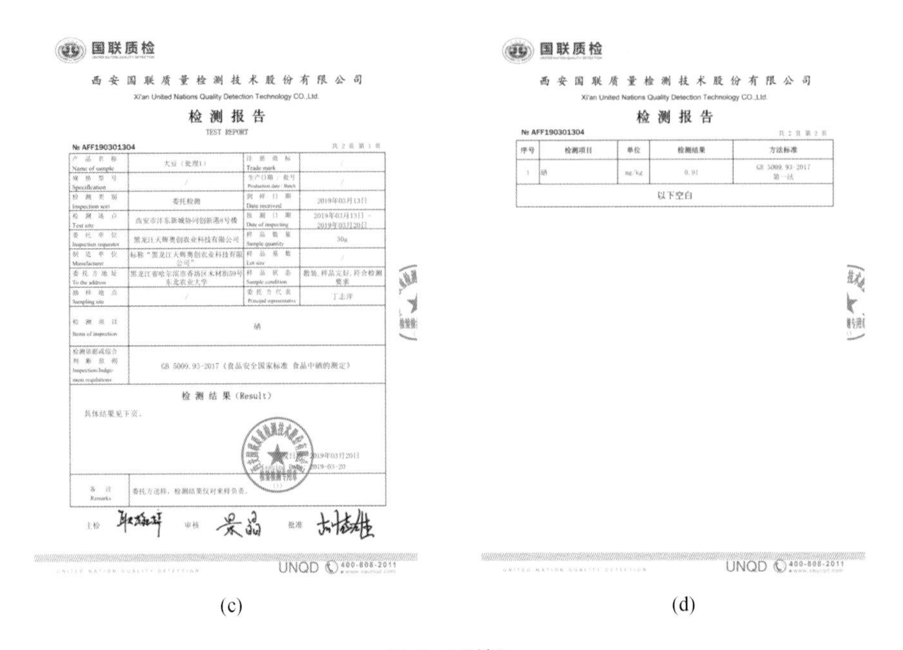
国联质检

西安国联质量检测技术股份有限公司

Xi'an United Nations Quality Detection Technology CO.,Ltd.

检测报告

TEST REPORT

№ AFF190301304　　共2页 第1页

产品名称 Name of sample	大豆（处理1）	注册商标 Trade mark	/
规格型号 Specification	/	生产日期/批号 Production date / Batch	/
检测类别 Inspection sort	委托检测	到样日期 Date received	2019年03月13日
检测地点 Test site	西安市沣东新城协同创新港8号楼	检测日期 Date of inspecting	2019年03月13日－2019年03月20日
委托单位 Inspection requestor	黑龙江大狮奥创农业科技有限公司	样品数量 Sample quantity	30g
制造单位 Manufacturer	标称"黑龙江大狮奥创农业科技有限公司"	样品基数 Lot size	/
委托方地址 To the address	黑龙江省哈尔滨市香坊区木材街59号东北农业大学	样品状态 Sample condition	散装，样品完好，符合检测要求
抽样地点 Sampling site	/	委托方代表 Principal representative	丁志萍
检测项目 Items of inspection	硒		
检测依据或综合判断原则 Inspection/Judgement regulations	GB 5009.93-2017《食品安全国家标准 食品中硒的测定》		

检测结果（Result）

具体结果见下页。

签发日期：2019年03月20日

Issuing Date：2019-03-20

备注 Remarks：委托方送样，检测结果仅对来样负责。

主检　　审核　　批准

UNITED NATION QUALITY DETECTION　UNQD 400-808-2011

(c)

国联质检

西安国联质量检测技术股份有限公司

Xi'an United Nations Quality Detection Technology CO.,Ltd.

检测报告

№ AFF190301304　　共2页 第2页

序号	检测项目	单位	检测结果	方法标准
1	硒	mg/kg	0.91	GB 5009.93-2017 第一法
以下空白				

UNITED NATION QUALITY DETECTION　UNQD 400-808-2011

(d)

图 6－3（续）

三、案例三　2019 年黑龙江省农业科学院南繁基地（海南）大豆富硒案例

地点：黑龙江省农业科学院南繁基地（海南）。

生物活性硒处理组与对照组相比（图 6－4）：①促早熟 2～3 天；②单株的三、四粒荚数增多；③处理组硒含量为 910 μg/kg；对照组硒含量为 22 μg/kg。

(a)　　(b)

图 6－4　处理组与对照组图片及检测报告

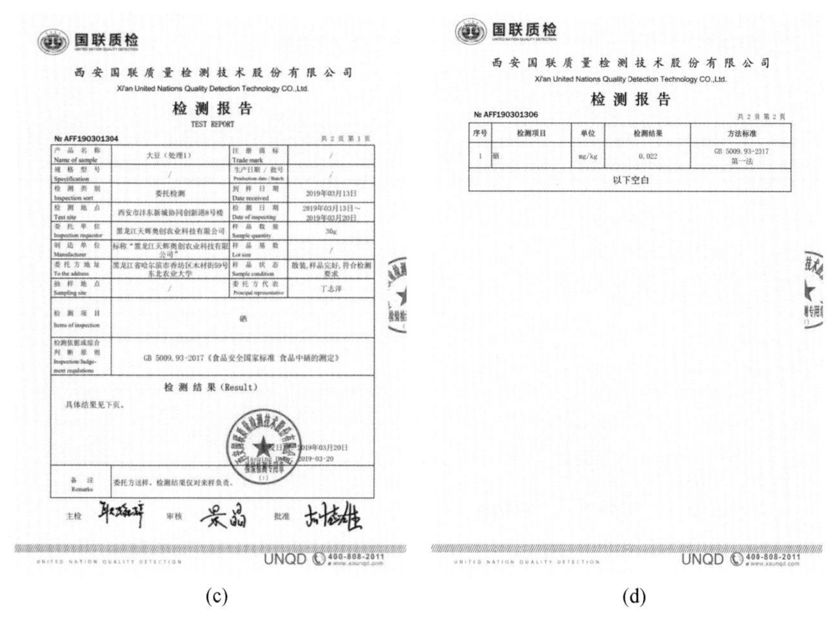

国联质检

西安国联质量检测技术股份有限公司

Xi'an United Nations Quality Detection Technology CO.,Ltd.

检测报告

TEST REPORT

№ AFF190301304　　共2页第1页

产品名称 Name of sample	大豆（处理1）	注册商标 Trade mark	/
规格型号 Specification	/	生产日期/批号 Production date / Batch	/
检测类别 Inspection sort	委托检测	到样日期 Date received	2019年03月13日
检测地点 Test site	西安市沣东新城协同创新港8号楼	检测日期 Date of inspecting	2019年03月13日～2019年03月20日
委托单位 Inspection requestor	黑龙江天辉奥创农业科技有限公司	样品数量 Sample quantity	30g
制造单位 Manufacturer	标称"黑龙江天辉奥创农业科技有限公司"	样品基数 Lot size	/
委托方地址 To the address	黑龙江省哈尔滨市香坊区木材街59号东北农业大学	样品状态 Sample condition	散装,样品完好,符合检测要求
抽样地点 Sampling site	/	委托方代表 Principal representative	丁志洋
检测项目 Items of inspection	硒		
检测依据或综合判断原则 Inspection/Judgement regulations	GB 5009.93-2017《食品安全国家标准 食品中硒的测定》		

检测结果（Result）

具体结果见下页。

2019年03月20日

2019-03-20

备注 Remarks	委托方送样，检测结果仅对来样负责。

主检　　审核　　批准

UNQD 400-808-2011

(c)

国联质检

西安国联质量检测技术股份有限公司

Xi'an United Nations Quality Detection Technology CO.,Ltd.

检测报告

№ AFF190301306　　共2页第2页

序号	检测项目	单位	检测结果	方法标准
1	硒	mg/kg	0.022	GB 5009.93-2017 第一法
以下空白				

UNQD 400-808-2011

(d)

图6－4(续)

四、案例四　2019年黑龙江省佳木斯市桦川县种植户大豆富硒案例

地点:黑龙江省佳木斯市桦川县种植户。

生物活性硒处理组与对照组相比(图6－5):①大豆增产8.54%;②处理组硒含量为118 μg/kg;③蛋白含量平均增幅0.9%～2.5%;④促早熟4～6 d,成熟度好;⑤结荚率高、籽粒饱满、四粒荚数量多;⑥抗病、抗倒伏效果显著。

(a)　　(b)

图6－5　处理组与对照组图片及检测报告

国联质检

西安国联质量检测技术股份有限公司

Xi'an United Nations Quality Detection Technology CO.,Ltd.

检测报告

TEST REPORT

№ AFF191101988-1-a　　共2页 第1页

产品名称 Name of sample	顺鑫大豆对照	注册商标 Trade mark	/
规格型号 Specification	/	生产日期/批号 Production date / Batch	/
检测类别 Inspection sort	委托检测	到样日期 Date received	2019年11月11日
检测地点 Test site	西安市沣东新城协同创新港8号楼	检测日期 Date of inspecting	2019年11月11日～2019年11月18日
委托单位 Inspection requester	黑龙江省农业科学院	样品数量 Sample quantity	89g
制造单位 Manufacturer	标称"黑龙江省农科院佳木斯分院"	样品基数 Lot size	/
委托方地址 To the address	哈尔滨松北区创新二路800号	样品状态 Sample condition	散装，适检
抽样地点 Sampling site	/	委托方代表 Principal representative	丁志洋
检测项目 Items of inspection	硒		
检测依据或综合判断原则 Inspection/Judgement regulations	GB 5009.93-2017《食品安全国家标准 食品中硒的测定》		

检测结果（Result）

具体结果见下页。

签发日期 Issuing Date：2019年11月20日 2019-11-20

备注 Remarks	1. 委托方送样，检测结果仅对来样负责。 2. 此报告代替原报告AFF191101988。

主检　审核　批准

UNITED NATION QUALITY DETECTION　UNQD 400-808-2011 www.xaunqd.com

(c)

国联质检

西安国联质量检测技术股份有限公司

Xi'an United Nations Quality Detection Technology CO.,Ltd.

检测报告

№ AFF191101988-1-a　　共2页 第2页

序号	检测项目	单位	检测结果	方法标准
1	硒	mg/kg	0.118	GB 5009.93-2017
以下空白				

UNITED NATION QUALITY DETECTION　UNQD 400-808-2011 www.xaunqd.com

(d)

国联质检

西安国联质量检测技术股份有限公司

Xi'an United Nations Quality Detection Technology CO.,Ltd.

检测报告

TEST REPORT

№ AFF191101988-1　　共2页 第1页

产品名称 Name of sample	顺鑫大豆对照	注册商标 Trade mark	/
规格型号 Specification	/	生产日期/批号 Production date / Batch	/
检测类别 Inspection sort	委托检测	到样日期 Date received	2019年11月11日
检测地点 Test site	西安市沣东新城协同创新港8号楼	检测日期 Date of inspecting	2019年11月11日～2019年11月18日
委托单位 Inspection requester	黑龙江省农业科学院	样品数量 Sample quantity	89g
制造单位 Manufacturer	标称"黑龙江省农科院佳木斯分院"	样品基数 Lot size	/
委托方地址 To the address	哈尔滨松北区创新二路800号	样品状态 Sample condition	散装，适检
抽样地点 Sampling site	/	委托方代表 Principal representative	丁志洋
检测项目 Items of inspection	蛋白质、脂肪		
检测依据或综合判断原则 Inspection/Judgement regulations	GB 5009.5-2016《食品安全国家标准 食品中蛋白质的测定》 GB 5009.6-2016《食品安全国家标准 食品中脂肪的测定》		

检测结果（Result）

具体结果见下页。

签发日期 Issuing Date：2019年11月20日 2019-11-20

备注 Remarks	1. 委托方送样，检测结果仅对来样负责。 2. 此报告代替原报告AFF191101988。

主检　审核　批准

UNITED NATION QUALITY DETECTION　UNQD 400-808-2011 www.xaunqd.com

(e)

PONY Pony Testing International Group

检测结果 (Test Results)

报告编号(Report ID)：ZNA68NDD71419501　　第1页，共2页 (page 1 of 2)

样品名称 (Sample Description)	顺鑫对照大豆	样品规格 (Sample Specification)	——
委托单位 (Applicant)	黑龙江省农业科学院	商标 (Trade Mark)	——
到样日期 (Received Date)	2019.11.26	生产日期或批号 (Manufacturing Date or Lot No.)	——
检测日期 (Test Date)	2019.11.26–2019.12.09	样品等级 (Sample Grade)	——
样品状态 (Sample Status)	固态、正常、颗粒	检测类别 (Test Type)	委托检测
检测项目 (Test Items)	见下页	检测环境 (Test Environment)	符合要求
检测方法 (Test Methods)	见下页		
所用主要仪器 (Main Instruments)	分析天平 等		
备注 (Note)	1.样品来源：黑龙江省农业科学院佳木斯分院 2.该报告中检测方法由委托单位指定 3.以上样品信息由委托单位提供		
	编制人 (Edited by)		
	审核人 (Checked by)		
	批准人 (Approved by)		
	签发日期 (Issued Date)	2019.12.09	

PONY 谱尼测试 Pony Testing International Group　www.ponytest.com

(f)

图 6-5(续)

第七章　富硒政策与市场

第一节　政策与资金问题

中国是一个农产品生产大国，随着中国经济的快速发展，中国居民不再满足于过去那种能吃饱的状态，对农产品的要求从量的需求发展到安全需求，进而上升到对营养均衡的需求，这就为富硒功能性农产品的生产提供了很大的市场空间。党的十九大报告中明确指出实施“健康中国”战略。国务院于2017年7月发布的《国民营养计划（2017—2030）》指出：“国民营养事关国民素质提高和经济社会发展，将营养融入所有健康政策，提高全民健康水平，为建设健康中国奠定坚实基础。”同时，国家重视农民增收，注重提升农产品的附加值，为富硒农业发展提供了巨大的产业政策空间。目前我国发展富硒农业还存在着一些问题和不足，主要表现在技术开发、标准制订、产品认证、品牌培育、市场与政策等。

第二节　技术与市场问题

一、难以稳定控制富硒农产品的硒含量

生产出硒含量稳定的富硒农产品是一大技术难点。从我国硒资源分布图可以看出，无论是土壤富硒区还是缺硒区，我国硒资源的分布都是不均匀的，在主要富硒区生产出来的农产品也有可能硒含量不达标，同时也有可能硒含量超标，而由于在部分缺硒区也零星分布着富硒土壤，生产出来的农产品也可能达到富硒农产品的要求。许多富硒农业发展地区对地区内各区域或地块的土壤硒含量掌握不全面，导致难以针对性地进行富硒产品开发方案的制定。另外，农产品中的硒含量不仅仅与农作物类别及土壤硒含量相关，还与土壤理化性质如pH、有机质及阳离子交换量等密切相关。在进行各类富硒农产品开发的同时，需要研究高效硒肥或其富硒实力，同时重视硒高效吸收作物品种的选育。

二、人工富硒农产品生产过程存在安全隐忧

要控制富硒农产品硒含量的稳定性，在富硒区需要结合外源硒生物强化生产富硒农

产品，在缺硒区则需要完全依赖外源硒的生物强化。但当使用无机硒作外源硒源时，如果使用不当，容易造成富硒农产品中含有过高的无机硒残留，对人体健康和环境造成较大的安全隐患。同时，过高或不当的无机硒外源添加甚至可造成作物减产。而普遍使用较为安全的硒源，如纳米硒和腐殖酸螯合态硒技术虽已经成熟，但成本偏高，不适于低附加值农产品的生产。

三、富硒农产品生产与加工工艺有待改进

我国对富硒农产品的加工一般采用传统工艺技术，生产设备落后，初级加工、粗加工产品居多，精加工、深加工产品少，产品的品种单一，可供选择性低，富硒加工产业链较短。因为落后技术条件的制约，富硒产品的研发速度慢，阻碍了产品更新换代的进程。一般企业或厂家由于缺乏高新技术支撑，而影响了产品生产规模的扩张，大大削弱了生产厂商的竞争优势。

四、硒的检测技术有待加强

目前在国内具有食品总硒含量检测资质的权威机构较少，具有检测资质的硒形态检测机构还没有，硒形态检测甚至还没有国家标准、农业行业标准及地方标准，要进行硒形态检测只能在一些科研机构进行。硒形态检测体系的缺乏在很大程度上制约了富硒农产品的市场信任度。

五、技术创新有待提升

目前，虽然在富硒农产品开发关键技术领域，如生物纳米硒已经取得突破性进展，形成一批自主知识产权成果，在国际上处于领先水平，但富硒农产品生产技术仍需要进一步加强研发与创新，尤其在有机硒提取及纯化、功能性食品配方、硒保健食品及生物医药等方面亟须大量的科技突破。这就需要富硒行业的企业与研究所、大学等科研机构展开深层次、宽领域的密切合作与交流，积极推动富硒产业的科技创新进程。

第三节　标准与认证问题

一、国内现有富硒标准制定混乱

我国制定了不少富硒农产品相关标准，但以地方标准为主，国家标准和行业标准较少。我国富硒标准之间存在以下一些问题：①国家标准或行业标准较少，许多标准难以很好地指导富硒产业的发展，目前较为具有影响力的两个标准是 GB/T 22499—2008《富硒稻谷》和 NY/T 600—2002《富硒茶》。②各富硒标准之间存在冲突，导致富硒农产品生产

企业没有一个统一的标准,如 GB 14880—2012《食品安全国家标准 食品营养强化剂使用标准》和 GB 28050—2011《食品安全国家标准 预包装食品营养标签通则》原则上都可以作为富硒粮食类及其制品的产品标准,但其中的硒含量范围要求却存在很大差距。③各个地方标准不相容,地方标准是根据当地实际产品中的硒含量确定标准中硒含量的范围的,而不是科学地按照人体硒营养膳食需求制定。由于地方标准的制定主要在富硒地区,且各个富硒区土壤硒含量范围及农产品种养结构存在很大差距,所制定的富硒农产品标准也差距很大。

对于目前的富硒标准来说,往往只注重农产品中的硒含量,而忽略了其他质量安全因素。其实,硒在农产品中可以以不同的形态存在,而不同形态的硒具有不同的毒性,无机硒毒性大于有机硒。目前国内还没有较为完善的硒形态及有机硒检测体系,没有形成有机硒检测的国家标准,且有机硒的检测成本过高,因此制定富硒农产品标准时难以对农产品中的有机硒含量做明确规定。重金属含量和农药残留等也是农产品安全的重要指标,富硒农产品作为健康的农产品,在安全方面相对普通农产品有更高的要求。

二、富硒农产品未形成规范化生产标准

在我国,富硒农产品的生产只注重产品检测结果,而不注重产品生产过程,还未能形成一套完整的生产管理规程及安全管理体系,未对富硒农业的生产环境做明确要求,对富硒生产原料不能进行严格把控,生产管理过程的要求也出现空白。作为以安全为目标的有机农业,不仅有一套完善的有机农产品质量监督体系,更有一套标准化的生产管理体系。而相比于有机农业,安全只是富硒农业发展的基本要求,其最终目标应该是面向健康,即生产出安全且健康的优质农产品。市场上曾出现通过添加外源无机硒冒充富含高品质有机硒的现象,但这种情况通过农产品检测无法辨别真伪。由于人体食用硒量的安全范围较窄,超出安全用量的范围会导致不良后果,而大部分富硒农产品包装上没有标明硒含量及明确的人均每日膳食用量,容易出现补硒不足或补硒过量的情况。

三、未形成一套完整的富硒农产品认证体系

认证是农产品质量管理的保证,只有通过认证并建立可追溯体系,才能将高质量的农产品以更加可视化的形式呈现在消费者面前。认证也是防止农产品生产造假最为有力的手段,对规范整个行业的发展具有重要作用,在推动农业的可持续发展,改善生态环境,保证农产品质量安全和提高农产品国际竞争力等方面均发挥着重要作用。同时,产品认证也是国家从源头上保证产品安全、规范市场行为、指导消费、保护人民生命健康的战略性选择。认证是市场经济的第一道“门槛”,不经过一定的权威机构(国际、国内)认证,经销者、消费者难以认可,产品在市场上就会寸步难行。富硒产品认证,就是要使富硒产品普遍取得参与市场经济最基本的“鉴定书”“通行证”,避免“将金子当铜卖”,避免被国内外市场“拒之门外”。

目前我国富硒认证还仅仅处于初级阶段,还没有全国性的富硒认证机构,一些地方富硒行业协会为了规范当地富硒农业发展,自发组织开展富硒产品认证,如广西和重庆两个省级富硒认证相对比较完善,值得借鉴。国内目前缺乏专门富硒认证知识培训的机构,缺乏专门的富硒认证人才,已有的认证机构在人员、资质等方面不能满足认证要求,导致认证水平差,认证结果缺乏科学基础。全国性权威认证机构的缺乏导致地方富硒农产品难以走向全国或国际市场,这也是阻碍富硒农产品流通的最大障碍。制约全国性认证机构建立的因素主要有:一是富硒产业发展还处于初级阶段,仍以富硒区为主要发展地区,未引起国家相关部门的足够重视;二是进行富硒认证必须制定相关富硒标准,而我国暂时还未建立全国性的涵盖种类齐全的富硒农产品国家标准。随着中国富硒农业产业的逐步壮大,富硒标准的逐步完善,建立国家富硒农产品认证体系势在必行。

第四节　富硒市场推动及品牌效应

一、政策推动与市场主导

在发展富硒产业方面存在品牌定位不清晰、品牌建设牵头单位不明确、品牌打造资金投入不充足、品牌发展没有可靠制度遵循,对品牌培育和管理还不到位的问题。在品牌定位上要突出“绿色、富硒、健康”,在品牌建设上要强化政府的主导地位,在品牌影响力提升上要发挥集群内的企业主体作用,在品牌发展上要提高配置效率,强化商标规范性使用及指导。

以富硒农业区域品牌打造及农产品品牌化发展为主要方向,进行区域品牌化经营,能够明显提高富硒农业竞争力,构建有影响力的宣传平台,通过平台宣传硒产品效果明显。以召开新闻发布会、制作宣传展板、发放投资指南为手段,积极宣传推介“黑龙江原生态富硒”食品品牌,为黑龙江赢得了舆论高地。建立并采用“政府主导、商协中介、企业参与”的区域品牌运行管理模式,加强“地理标志农产品”保护工作,对富硒农业品牌打造起到了积极的促进作用。

发展富硒产业离不开资金支持。建议推进 BOT、PPP 等市场管理运行模式发展富硒产业。借鉴并运用众筹模式,吸收大量社会资本进行富硒产业投资。推动富硒产业绿色可持续发展,要想实现富硒产业的可持续发展,必须在循环发展上打开思路,发展富硒产业不能以牺牲生态环境为代价。坚持“绿水青山就是金山银山”的发展理念是实现富硒产业长久发展的必由之路和不二法门。因此,必须加快富硒产业转型升级和绿色发展的步伐。

二、品牌及市场问题

对未来营销趋势进行预测时,美国广告专家莱利莱特曾指出:“未来营销是品牌的竞

争，拥有市场比拥有工厂更重要。”随着经济发展与人民生活水平的提高，消费者在认知和购买产品时，对品牌的关注越来越突出，品牌已经成为贸易中非常重要的竞争力。目前富硒农产品品牌发展主要存在以下问题。

（一）品牌观念薄弱

大多数富硒农产品生产者和经营者对树立品牌意识薄弱，对富硒资源的特色性、排他性、不可替代性、经济性和良好市场前景还缺乏充分认识。没有意识到特色品牌对提升农产品品质和提高竞争力的巨大作用。许多富硒农产品没有凭借“富硒”“以硒为贵”等特色进行营销，没能凸显产品自身的特性，未能带来更高价值。

（二）品牌定位模糊

面对各种各样的产品，消费者有自己的偏好和选择，而品牌是消费者识别产品品质的最重要的标志。所谓品牌要有它存在的可能性，要使不同品牌的农产品相互区别开来，要有某种特质和自己的特色，不能迷糊不清，像“符合质量标准”“绿色”等不能称其为品牌。农产品品牌应以不同品种、不同生产区域或生产方式为基础。如陕南富硒农产品品牌应突出区域的资源优势，突出其富硒、绿色、健康等概念，但目前很多区域品牌定位还不明晰，对品牌属性的认识不明确。

（三）品牌建设资金不足

富硒品牌建设需要大量的资金投入，产前需要基础设施建设等投入，产后需要营销策划、广告宣传等资金投入，良好的品牌经营需要充足的资金作为保证。目前许多富硒农产品由于财力不足，缺乏创建品牌和宣传品牌的能力，农产品的销售也就不能靠品牌取胜，缺乏竞争力。

（四）品牌发展缺乏规范性、统一性和管理

多年来，富硒农产品生产小而分散，生产者形成自产自销的传统习惯，使他们各自为战，产品质量良莠不齐，不利于品牌的规范性和统一性。富硒农产品亟须加强全过程统一规范管理，将统一规范管理落实到从生产到销售等的每一个工序和环节。

（五）产品市场认可度不高

目前，国内的富硒产品市场需求相对较低，主要是因为人们对硒的认知度不高，对富硒产品价值的认可度也不高。我国大多数消费者对硒的了解不足，甚至不知硒为何物，更谈不上对硒重要性的认知；即便少部分人对硒有所了解，但往往对如何科学补硒知之甚少，更不知道补硒的适当方式和科学补硒量等。另外，多数人对天然富硒产品和外源有机硒产品的区分度不够，混淆概念。这都会影响人们对富硒产品价值的认可，进而影响富硒产品的市场推广效果和消费者对富硒产品的需求量。加强富硒知识的科普宣传，如举行专家讲座、媒体推广、商城宣传等活动，提高广大民众对硒的重视度和对富硒产品价值的认可度，是开拓富硒农业市场的首要条件。

（六）富硒产品定价不当

在富硒产品市场上，常会出现一些产品漫天要价的现象，部分产品严重超出了富硒产品的本身价值和普通消费者的接受能力，使普通消费者对部分天价的富硒产品望而却步。即便是定位中高端产品也要符合产品的自身价值，这种漫天要价现象极不利于富硒产业的发展壮大。由于农产品、初加工食品的价格通常受产品质量、营养、口感、安全性等因素影响，人们往往不会因为食品中的某一营养元素而付出过高的差价，因而在富硒产品的价格定位上，在兼顾农户、投资经营者和企业利润时，更应考虑到我国各地区经济水平和人群的消费水平情况，进行合理定价。

（七）富硒产品市场混乱

目前我国富硒市场较为混乱，缺少严格的监管制度，市场上富硒产品质量参差不齐，部分产品通过后期非法添加硒盐来增加产品硒含量，多数产品硒含量没有明确标注，硒含量过低或超标都能以优质硒产品的价格销售的现象屡见不鲜。虽然市场上富硒产品众多，但是产品趋同化严重，创新不足，相互之间具有较强的替代性，并且缺乏具有影响力、被消费者认可的富硒精品。而富硒精品有利于提高消费者对富硒产品的认知、辨别和选择，有利于引领和规范消费市场。

第八章　前景展望

第一节　富硒农产品发展政策分析

目前，我国人群日平均硒摄入量为44.6 μg/d，显著低于中国营养学会推荐的日平均硒摄入量60～250 μg/d。通过膳食补充硒元素具有安全、低成本、效果显著等优势，因而富硒农产品市场潜力巨大。近年来，富硒农产品的种类日益增多，其中开发利用比较成熟的有富硒茶叶、富硒大米、富硒鸡蛋、富硒禽肉、富硒食用菌和富硒蔬菜瓜果等，受到了广大消费者青睐。据测算，我国富硒农产品市场容量约在4 000亿元，富硒保健品及医药产品在1 000亿元以上。

富硒农产品的消费情况与地区经济状况和居民的经济收入水平有较大的相关性。2016年，采用问卷调查和访谈相结合的方式，对北京市主要的超市和农贸市场进行走访调查。调查结果表明，受访者中完全不知道硒元素的比例仅为5%，绝大部分了解或听说过硒元素，其中听说过硒元素的占59%，了解硒元素的占30%，非常了解硒元素的占6%。补硒对于大多数消费者来说还是比较陌生的，被调查者中大多数人知道硒元素，然而很多人并不知道硒元素对人体健康的重要性。

随着我国富硒产业的发展，富硒产品的种类越来越丰富，但由于技术水平、宣传力度、企业销售策略的差异及消费者的关注程度不同，消费者对于这些富硒产品的了解、使用程度也有很大差异。富硒产品使用意愿的调查结果显示，85.78%的受访者表示愿意使用富硒产品，只有14.22%的消费者表示不愿意尝试富硒农产品。

消费行为调查结果显示，受访者购买最多的富硒产品类别是米、面、杂粮，占65.32%；其次是富硒水果和富硒蔬菜，分别占63.58%和63.01%；而富硒保健品的购买比较少，占15.61%。分析其原因：一方面，目前市场上的富硒产品以富硒农产品为主，富硒保健品只是占据着很小的市场份额；另一方面，我国民众更乐于接受食补的方式。

调查了不同年龄阶段的消费者对富硒产品的使用意愿，结果显示，20岁以下消费者对富硒产品的使用意愿最高，这可能是由于低年龄群体对于新事物的尝试意愿会比较高。其次是年龄在30～40岁的消费者，而20～30岁和50～60岁的受访者使用富硒产品的意愿相对较低。部分被调查的中青年消费者表示，自己购买富硒产品是为了孝敬父母长辈，这个群体对富硒产品的认知度相对较高，了解硒对人体的生理功能，是富硒产品的主要购买人群之一。

进一步调查了收入对使用意愿的影响,发现消费者对富硒产品的使用意愿与收入呈正相关,收入越高,使用意愿越强。其中,收入在1 000～3 000元的被调查者中愿意使用富硒产品的比例为75.41%;收入在3 000～5 000元的被调查者中愿意使用者的比例为81.67%;收入在5 000～7 000元的被调查者中愿意使用者比例为87.50%;收入在7 000～9 000元和9 000元以上被调查人群中有94.12%表示愿意使用。在调查过程中发现,收入相对低的消费者部分也有使用的意愿,但结合自身的经济实力,较难承受。因此,在富硒农产品市场拓展时可以优先考虑收入较高的人群,通过他们的正面宣传扩大富硒产品的影响力,逐步扩大市场。

此外,富硒农产品的市场存在地域分布不均的特点。东部沿海与中西部区差异较大。东部沿海地区的民众补硒意识优于中西部地区。对富硒产品的消费也较高,这与东部沿海地区的经济发展状况密不可分。

目前,国内的富硒产品市场需求相对较小。其主要原因是大多数消费者对硒的了解不足。另外,大多数人对天然高硒和人工富硒产品的区分度不够,容易混杂概念,这些问题都会影响人们对富硒产品价值的认可度,进而影响富硒产品的市场推广。

第二节　富硒农业产业化建设

一、富硒农产品的利用现状

据估计,迄今为止全世界约有5亿～10亿的人处于缺硒状态,而且这个数据有可能正在增加。因此,硒的缺乏被认为是一个需要解决的全球健康问题。由于农作物硒源是人体硒摄入的主要来源,因此可以通过作物富硒解决缺硒问题。目前,作物富硒的措施有土壤施硒、叶面喷硒、硒液浸种、水培和拌种等,其中土壤施硒和叶面喷硒是最主要的两种方式。

有研究表明,土壤施硒肥,80%～95%的硒酸盐可能会由于灌溉或降雨而流失,而80%以上的亚硒酸盐会在短时间内被土壤固定,导致其生物利用率显著降低。因此,土壤施硒存在植物可食用部位硒富集率较低,而且长期施用会对附近生态系统产生硒毒害并造成资源浪费等问题。所以,土壤施硒应严谨慎重,不建议长期施用。由于植物叶片可通过角质层和气孔来吸收微量元素,因而叶面喷施也是一种可行有效的补硒方式。叶面喷硒不仅减少了土壤因素对硒有效性的影响,而且减少了硒从根部到地上部的运输,所以硒的吸收利用率较土壤施硒高。已有多项研究表明,叶面喷硒在水稻、小麦、玉米、葡萄等多种植物上的效果显著优于土壤施硒。

二、富硒农产品的开发现状

世界各地都有研究人员在努力开发富硒食品，以减少与硒有关的缺乏症。目前富硒产品的种类越来越多，已开发的富硒农产品有富硒谷物、富硒蔬菜、富硒水果、富硒食用菌、富硒茶叶、富硒药材等。由于谷物在人类饮食结构中具有非常重要的地位，广谱性较高，所以富硒谷物如富硒大米、富硒小麦、富硒大豆和富硒玉米等在富硒农产品的开发中占有主要位置。蔬菜可以提供人体所必需的多种维生素、矿物质和膳食纤维等，是人们日常饮食中的必需品。相比谷类作物，蔬菜具有生长周期短、食用方便等优势，所以富硒蔬菜已经成为农业开发中的一个新亮点。而富硒水果具有提升硒营养与改善饮食结构的双重作用，因而富硒水果的生产也是提高我国乃至世界缺硒地区硒水平的一种重要手段。

近年来，尽管许多科研人员对富硒农产品做了大量的研究，但依然有许多问题需要我们进一步探索。首先，对富硒农产品的研究主要集中在可食用部位硒总量的改善上，而对人体吸收利用率更为相关的有机硒的关注较少；其次，对农作物富硒特征及其硒在作物体内硒的吸收转运规律等针对性的研究还不够深入；最后，硒的施用方式对作物硒吸收利用率的影响，仍需要进一步明确。

第三节 富硒市场和定位

目前，全国各地掀起了富硒开发热潮。我国富硒农业发展较好的地区有湖北恩施、陕西安康、贵州开阳、浙江龙游、山东枣庄、青海平安、湖南桃源等地区。生产的富硒产品有富硒大豆、富硒大米和杂粮、富硒果品、富硒蔬菜、富硒茶、富硒特色食品、富硒莲子酒、富硒保健品等。我国富硒农业产业化发展尚处于起步阶段，规模小，产业化水平低，以粗加工为主。我国富硒产业的整体规模仍然较小，龙头企业仍然不多，富硒农业产业化水平仍然不高。如陈绪敖在对安康富硒农业产业发展研究中指出，安康富硒生产的比较优势尚没有转化成经济优势，生产的富硒产品表现出规模产量较大，但名特优质产品少；初级加工和粗糙加工多而精深加工少；采用传统工艺和落后设备的多，采用高新技术和先进设备的少；产品品牌混杂，质量良莠不齐，符合高标准、高质量要求的产品少等。全国各地涌现出很多富硒产品，但严格来说许多地区未必达到富硒产品标准，不一定能够发展壮大。

硒虽然是人体中必不可少的元素，但民众对硒的功用和富硒产品的认知非常有限，有的几乎处于空白状态，只有少部分从事相关工作或对富硒产品感兴趣的人有所了解。富硒企业未大力宣传富硒产品的功效，营销手段也比较落后，从而使得富硒产品的市场需求空间窄，客户群单一。

一、因地制宜，发展特色产业集群

富硒产业依赖当地丰富的自然硒资源，发展富硒产业需因地制宜，对符合富硒产业发展的区域,充分利用当地硒资源优势和产业链优势,发展特色富硒产业。将富硒产业作为转型升级的新兴产业、精准扶贫的战略产业来看待。推动富硒农业产业化经营,延伸产业链,与旅游、教育、文化、健康等民生产业融合,实现资源的优化配置,促进富硒产业集聚规模发展。推进区域性富硒产业联盟的建立,助力有发展潜力的区域实现产业信息共享。如湖北恩施州是世界天然生物硒资源最富集的地区,其依托丰富的硒资源,积极打造"世界硒都·中国硒谷",建设全国知名的生态富硒产业基地、硒食品精深加工产业集群,富硒茶、富硒绿色食品产业集群入选湖北省重点成长型产业集群。

二、加强技术创新,延伸产业链

加大对富硒产业的科技投入,紧密结合大健康方向,深入调研,开发贴合市场需求的富硒产品,增加产品品类。产品创新必须保证安全健康,严格控制产品质量,包括环境保护、标准化生产、产品质量认证等,完善生产、加工、包装、储藏、运输等环节标准。积极推进公众营养健康的改善,在功能保健型营养健康食品与特殊膳食食品开发等方面有所突破。由于富硒企业大都实力不强,可通过技术转让或产学研合作方式提高创新能力。对实力强的企业可以建立稳定的研发机构,保证创新的长期投入。政府要加大现有富硒产业科技创新平台建设,鼓励富硒企业与高校、科研机构等加强产学研合作,共同培养富硒产业人才。

三、开展互联网营销,扩大品牌效应

富硒产业经营主体应抓住大健康产业蓬勃发展的机遇,借助互联网,开展多形式营销,让越来越多的消费者重视通过富硒产品补充人体所需的硒元素。由于硒资源大多分布在偏远落后地区,富硒产品如处深闺,需要借助现代物流和网络营销手段将其推送给广大消费者。地方政府应在基础设施和品牌打造上给予重点支持。支持企业参加或举办各种展示会、推介会、品鉴会、交流会、优惠酬宾会等活动。与商超对接,设立富硒品牌专区。大力推动企业"走出去",探索在"一带一路"沿线国家和地区宣传推广,不断提升富硒品牌的国际知名度和影响力。如恩施州为了打磨、塑造"硒"品牌,出台了一系列政策措施,构建了州域公用品牌、中国驰名商标、地理标志产品统筹建设的大格局。

四、完善产业标准体系,提高产业竞争力

富硒产业的科学有序发展和产业竞争力的提升都有赖于健全的产业标准。例如,完善产品中的硒标准与日推荐摄入量标准,建立硒与健康大数据,为真正实现科学、精准补硒提供数据支撑。制定富硒种植、养殖标准,有助于形成规范性、可溯源、稳定可控的农业原料供应与保障基地。例如,恩施州一直致力于标准体系建设,给硒产品贴上安全、绿色标签。由州内企业参与起草的《食品安全国家标准 食品营养强化剂 硒蛋白》(GB 1903.28—2018)、由州农业科学院及国家硒检中心联合起草的《富硒食品中无机硒

的测定方法》相继发布实施；成功申报67项涉硒食品安全企业标准；发布种植技术地方标准（规程）8个，这些标准正成为硒产业发展的参考范本。

第四节　富硒品牌建设和营销策略

近年来，我国富硒农业产业逐步向品牌化方向发展，十余个典型富硒区已基本建立起各自的区域品牌，但富硒农业产业的整体规模仍然较小，且缺少国家级的品牌企业，需要进一步大力培育知名区域品牌和企业品牌。

从一些富硒农产品与普通农产品最新的价格对比数据可以看出：富硒种植业农产品中，富硒玉米和富硒山茶油的价格提升幅度最大，富硒玉米价格是普通玉米价格的2～5倍，富硒山茶油价格是普通山茶油价格的5倍左右。粮食作物中，除富硒玉米外，富硒水稻、小麦和小米的价格一般是普通水稻、小麦和小米价格的1.5～2倍。其他种植类富硒农产品相比普通农产品价格涨幅的波动范围较大，这可能与品种有很大关系。整体来说，富硒农产品相比普通农产品价格涨幅并不算太大，说明一些消费者并未认识到富硒农产品的价值，还需进一步加强富硒产品的市场宣传力度。

在富硒养殖产品中，富硒猪、富硒羊和富硒黄兔只比普通猪、羊和黄兔的价格稍高，经济效益较差；富硒鸭蛋、富硒鸡和富硒白鸭的价格大约是普通鸭蛋、鸡和白鸭价格的2倍左右；而富硒牛的经济效益最好，能达到普通牛价格的3～4倍。整体来说，富硒畜禽产品的经济效益要比富硒种植类农产品差，这可能与普通畜禽产品本身营养就较为丰富，附加值较高有关。

富硒加工农产品由于需要经过较多的中间环节对技术的要求较高，生产成本也较高，因此富硒加工农产品的成本较高。普通面粉的市场售价通常为4～6元/kg，而富硒面粉的价格达到8～30元/kg；富硒米酒及富硒茶油价格是普通米酒及茶油价格的4～5倍；富硒蜂蜜价格较低，但也能达到普通蜂蜜的2～3倍。

富硒产品优质优价，其价格高于普通同类产品，有很大的利润空间。与普通产品相比，虽然价格上高出数倍，但销路却非常好，因此因地制宜地发展农业，不仅能促进农民增收致富，对区域的经济发展具有重要推动作用。

随着我国经济的蓬勃发展和人民生活水平的不断提高，人们对健康的诉求愈发强烈，越来越多的功能性食品进入消费市场。人们对保健食品的消费需求已从过去单一的礼品性消费跨入到现在多元化的功能性消费，涵盖了人们健康消费的全领域、全过程和全阶段。

一、因地制宜，科学合理开发富硒农产品

对全国不同地区农田土壤和农产品的硒有效含量进行全面检测与评价，明确不同地

区的硒丰缺程度与不同农产品生产的适宜性，因地制宜，合理发展富硒农业。硒元素摄入过量会引起中毒、导致肝损伤及肠胃和神经系统异常等，因此需要精确控制富硒农产品中的硒含量，特别是控制农产品中无机硒的残留，充分保障富硒农产品的品质与安全。同时需要注意的是，在硒含量丰富的地区通常存在重金属伴生的现象，科学合理地开发富硒农产品势在必行。

二、加强补硒技术研究，实现富硒农产品开发规范化

富硒农产品的开发为缺硒地区的居民提供了行之有效的补硒措施，应加大富硒农产品产业化的科技投入与技术支持，筛选适合富硒农产品生产的硒肥与含硒饲料及应用方法，并制定统一的富硒农产品及生产技术标准。各级政府及农业部门应明确富硒农产品开发的目标与要求，切实加强监督和管理，制定相关的法律和法规，保证富硒农产品开发有序进行。

三、加强引导和管理，促进富硒农产品开发的产业化

政府及相关部门要切实加强引导和管理，富硒农产品生产加工与销售企业必须强化质量意识，推进产品标准化，严格按照富硒农产品生产技术规范操作，及时进行富硒农产品的产前原料、产中与产后产品的硒含量检测；必须强化品牌和规模意识，切实树立消费者对富硒农产品的品牌认知度和信誉度。

富硒农产品与普通农产品差异性较大，普通农产品市场近似完全竞争市场，农产品需求弹性小，可替代性高，同一产品往往都是在同时上市和下市，市场风险较大。而富硒农产品与普通农产品不同，市场需求弹性较高，可替代性低，市场供求失衡风险相对较小。富硒农业产业在一定程度上属于资源型产业，富硒地区具有一定的垄断优势，可形成较高的市场进入壁垒，占领市场，调控市场，获得较高的收益，将资源优势转化为经济优势，促进本地区经济发展。

附录 A　生物活性硒营养液(豆科)

一、产品讯息

黑龙江省农业科学院与东北农业大学联合研发的“生物活性硒营养液”是针对多种农作物定制的特效增效剂(图 A－1)。它具有操作简单、效果显著、功能多样的特点,在目前国内的同类产品中有着极高的性价比,它不仅成本低,还能为农民朋友们带来更大的经济效益,是一个从农业现状出发,从农户角度定位的好技术、好产品。

图 A－1　生物活性硒营养液系列产品

二、硒营养液产品特点

1. 功能性

硒营养液能对各类农作物进行生物富硒,按照产品的使用方法正确操作后,农作物果实中植物活性硒的含量可远超国家相关农产品富硒标准,并可依据不同作物的不同需求,将含量控制在最佳范围内,且控制的稳定性相比市面上的同类产品更强。

2. 增产

硒营养液对不同类别的农作物在增产方面效果明显。其针对粮食作物,按照正确的产品使用方法后可增产 8% ~15%;针对棚室类果蔬作物,按照正确的产品使用方法后可增产 20% ~30%。它的适用范围几乎涵盖了广泛种植的所有粮食作物和经济作物,包括水稻、玉米、大豆、小麦、马铃薯、水果、蔬菜等。

3. 提升农作物品质

硒营养液能有效提高作物品质(提高果实产出率、提升粒重、果重、果实饱满度、在果实食味上也有良好的表现。

4. 提高抗逆、抗病性

硒营养液能提高抗逆、抗病性,能有效提高植物自身抵抗力,在外界环境改变时,植物能迅速适应新的环境,在面对病虫害及土传病害的同时,还可以最大限度地保证产量。

5. 促早熟

硒营养液能促进作物早熟,在农业生产中,这是非常重要的,更早收获就意味着能更早销售。硒营养液在促早熟上有着优异的表现。

三、使用方法

1. 喷施时期

硒营养液一般喷施于大豆(豆科)结荚初期

2. 用法用量

硒营养液(豆科作物专用配方)一瓶(1 L)喷施一公顷,按作业所需水量兑水搅匀后叶面喷施。

3. 功效

硒营养液可以平衡营养,减少落荚,籽粒饱满,百粒重增加。后期籽粒脱水快,可以促早熟 1 ~2 天,提高大豆(豆科)品质,增加收益。

注意:作业要在无风、无阴雨天气的傍晚以后,避开阳光直射、高温及大风天气,夜间气候湿润、低温、无风,效果极佳,建议夜间进行作业。

四、应用案例

黑龙江省农业科学院研发的生物活性硒营养液对于豆科作物有很好的提质增产效果,无论是大豆还是其他杂豆。

2018 年 5 月,我们与北安市农业科学技术推广中心,在北安市国家现代农业科技示范园区进行大区试验,试验总面积近 10 000 亩。

在大豆的落花结荚时期喷施生物活性硒营养液,喷施之后,与未处理的对照组进行对比,对比发现处理组大豆的四粒荚数明显提升,百粒重增加 6% ~7%。秋后收获测产,总产量平均增加 7% 左右;

试验结束后,我们向北安市农业科学技术推广中心申请进行书面肥料综合肥效报告的撰写,现已完成,肥效报告扫描件如图 A－2 所示。

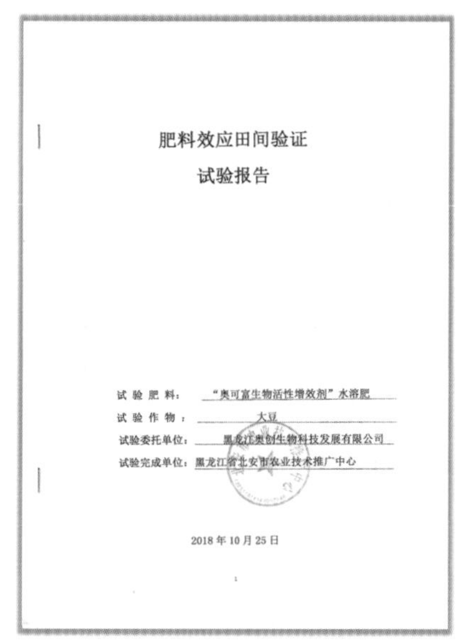

肥料效应田间验证

试验报告

试验肥料：“奥可富生物活性增效剂”水溶肥

试验作物：大豆

试验委托单位：黑龙江奥创生物科技发展有限公司

试验完成单位：黑龙江省北安市农业技术推广中心

2018年10月25日

1

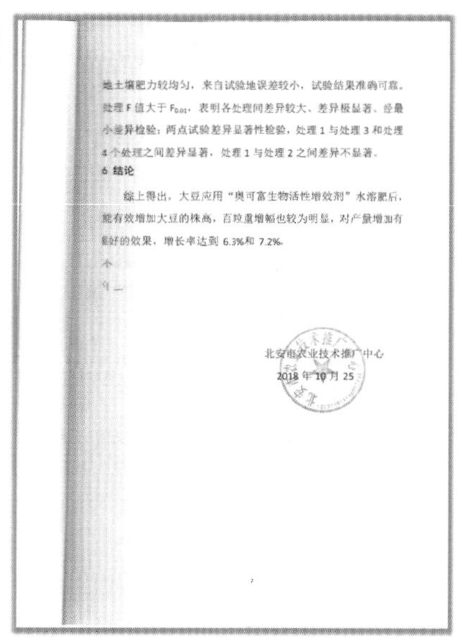

地土壤肥力较均匀，来自试验地误差较小，试验结果准确可靠。处理F值大于$F_{0.01}$，表明各处理间差异较大、差异极显著。经最小差异检验：两点试验差异显著性检验，处理1与处理3和处理4个处理之间差异显著，处理1与处理2之间差异不显著。

6 结论

综上得出，大豆应用“奥可富生物活性增效剂”水溶肥后，能有效增加大豆的株高，百粒重增幅也较为明显，对产量增加有良好的效果，增长率达到6.3%和7.2%。

北安市农业技术推广中心

2018年10月25

图A-2　肥效报告

五、生物活性硒大豆专用肥检测报告

我们将样品送至农业农村部谷物检测中心进行大豆植物活性硒含量的化验。化验结果为硒含量达到200 μg/kg,远超国家规定的40 μg/kg。

农业农村部谷物检测中心的检验报告如图A-3所示。

检　验　报　告

样品名称　七台河大豆富硒

送检单位　七台河市农技推广中心

检验类别　委托

农业农村部谷物及[illegible]检验测试中心(哈尔滨)

检　验　报　告

样品名称　七台河大豆对照

送检单位　七台河市农技推广中心

检验类别　委托

农业农村部谷物及[illegible]检验测试中心(哈尔滨)

(a)

图A-3　检验报告

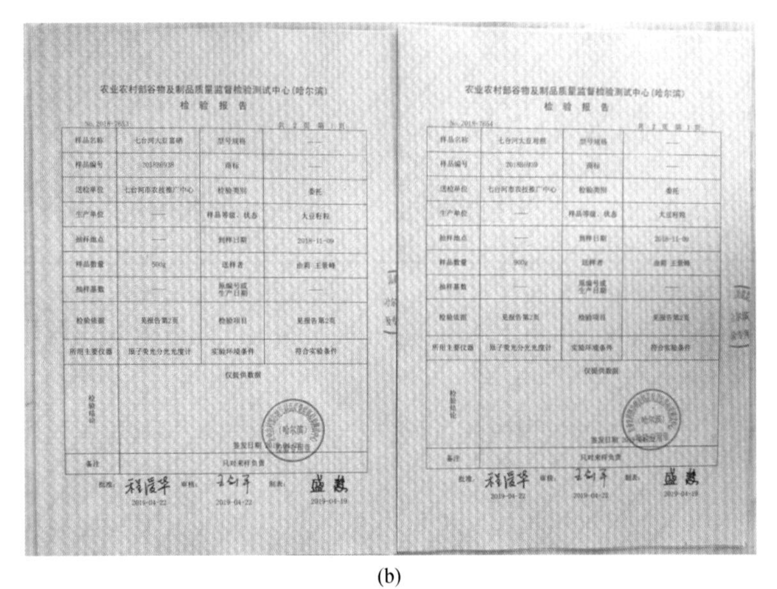

农业农村部谷物及制品质量监督检验测试中心(哈尔滨)

检 验 报 告

No. 2018-[illegible]　　共 2 页 第 1 页

样品名称	七台河大豆富硒	型号规格	——
样品编号	2018[illegible]	商标	——
送检单位	七台河市农技推广中心	检验类别	委托
生产单位	——	样品等级、状态	大豆籽粒
抽样地点	——	到样日期	2018-11-09
样品数量	500g	送样者	由莉 王景峰
抽样基数	——	原编号或生产日期	——
检验依据	见报告第2页	检验项目	见报告第2页
所用主要仪器	原子荧光分光光度计	实验环境条件	符合实验条件
检验结论	仅提供数据 签发日期		
备注	只对来样负责		

批准：　　2019-04-22　　审核：　　2019-04-22　　制表：　　2019-04-19

(b)

农业农村部谷物及制品质量监督检验测试中心(哈尔滨)

检验结果报告书

样品编号：2018[illegible]　　共 2 页 第 2 页

检验项目	单位	标准要求	检验结果	方法检出限	检验方法
硒（以Se计）	mg/kg	——	0.20 以下空白	——	GB 5009.93-2017
备注	——				

农业农村部谷物及制品质量监督检验测试中心(哈尔滨)

检验结果报告书

样品编号：2018[illegible]　　共 2 页 第 2 页

检验项目	单位	标准要求	检验结果	方法检出限	检验方法
硒（以Se计）	mg/kg	——	0.032 以下空白	——	GB 5009.93-2017
备注	——				

(c)

图 A－3(续)

附录 B　黑龙江省北部区域富硒大豆生产技术标准

一、范围

本规程规定了大豆富硒栽培的术语和定义、产地环境、栽培技术、富硒技术、适时收获、档案管理等技术内容。

本标准适用于大豆富硒栽培,本规程适用于低硒地区和贫硒地区富硒大豆的生产。

二、规范性引用文件

下列文件对于本文件的应用是必不可少的,凡是注日期的引用文件,仅注日期的版本适用本文件,凡是未注日期的引用文件,其最新版本(包括所有的修改单)适用于本文件。

GB 1352《大豆》

GB 4285《农药安全使用标准》

GB/T 8321《农药合理使用准则(所有部分)》

NY/T 496《肥料合理使用准则 通则》

NY/T 1424《小粒大豆生产技术规程》

NY 5010《无公害食品 蔬菜产地环境条件》

GH/T 1135《富硒农产品》

三、术语和定义

下列术语和定义适用于本标准。

(一)富硒大豆(selenium rich soybean)

在大豆生长发育过程中,通过自然富硒或以自然富硒为主、硒生物营养强化技术富硒为辅,而非收获后或加工中添加硒,获得的大豆硒含量为0.15~1.20 mg/kg,其中硒代氨基酸含量(硒代氨酸、硒代胱氨酸和硒甲基硒代半胱氨酸含量之和)占总硒含量>65%的大豆籽粒。

GH/T 1135—2017《富硒农产品 3.1》

(二)硒生物营养强化技术(selenium rich technology)

通过协定施用经过国家登记的硒肥料或硒土壤调理剂,经生物转化而增加农产品有机态硒含量的技术。

GH/T 1135—2017《硒生物营养强化技术 3.2》

四、产地环境

宜选择土壤含硒的地区，产地环境应符合 NY 5010 的规定。

五、生产技术

（一）品种选择

选择高产、优质、抗性强的品种，种子质量应符合 GB 1352 的规定。

（二）栽培技术

整地施肥、适时播种、合理密植、肥水管理、病虫草害防治等技术应按照 NY/T 1424 的规定执行或参照当地大豆栽培技术实施。

（三）肥料施用

有机肥、化肥的施用应符合 NY/T 496 的规定。

（四）农药施用

农药施用应符合 GB 4285 和 GB/T 8321 的规定。

六、富硒技术

（一）补硒原则

自然富硒生产的大豆籽料含量达不到 GH/T 1135 规定时，可通过人工技术补硒。大豆富硒生产是在大豆生长发育过程中，叶面喷施补硒产品，通过大豆的生理生化反应，将无机硒吸入体内转化为有机硒富集在大豆果实中，经检测硒含量达到 GB 28050 的标准时成为富硒大豆。

（二）补硒肥料

应选择经国家登记的硒肥料或硒土壤调理剂。

（三）补硒方式

补硒方式分叶面补硒和根际补硒。可根据生产实际任选一种或二者兼用的补硒方式。

1. 叶面补硒

将硒肥料配成浓度 70 ~ 120 mg/kg 的硒溶液，在现蕾期、开花期、结荚期补硒 2 ~ 3 次。每次每公顷机械均匀喷施硒溶液 450 ~ 650 kg，要求叶片、幼荚表面、茎均要喷施到硒溶液，以不滴水为度。应选阴天或晴天下午 4 时后施硒；硒溶液浓度精准，距叶片 35 cm 细雾均匀喷施，施硒后 6 h 之内遇雨水冲洗，应及时补喷 1 次，不应与碱性农药、肥料混用；采收前 20 d 停止施硒。

2. 根际补硒

土壤翻耕前，田间按产品说明施用硒土壤调理剂，然后翻耕，使土壤与硒土壤调理剂充分混合均匀。

七、档案管理

（一）生产操作档案

对主要农事活动应逐项如实记载。

（二）投入品使用档案

对主要投入品的品名、种类、来源、使用日期、用量、方法、效果等应逐项如实登记。

（三）物候期记载档案

对主要物候期应如实记载。

参考文献

[1] SCHOMBURG L, KÖHRLE J. On the importance of selenium and iodine metabolism for thyroid hormone biosynthesis and human health [J]. Molecular Nutrition & Food Research, 2008, 52(11): 1235 - 1246.

[2] RAYMAN M P. The importance of selenium to human health[J]. The Lancet,2000,356(9225): 233 - 241.

[3] 中国环境监测总站. 中国土壤元素背景值[M]. 北京:中国环境科学出版社,1990.

[4] TAN J A, ZHU W Y, WANG W Y, et al. Selenium in soil and endemic diseases in China[J]. Science of the Total Environment, 2002, 284(1): 227 - 235.

[5] 李家熙,张光弟,葛晓立,等. 人体硒缺乏与过剩的地球化学环境特征及其预测[M]. 北京:地质出版社,2000.

[6] YANG G Q, WANG S Z, ZHOU R H, et al. Endemic selenium intoxication of humans in China[J]. The American Journal of Clinical Nutrition, 1983,37(5): 872 - 881.

[7] 郭庆雨,张佳谊. 黑龙江省及内蒙呼伦贝尔盟地区畜禽常用植物性饲料及土壤含硒量的调查[J]. 黑龙江八一农垦大学学报,1982,2: 31 - 51.

[8] 布和敖斯尔,张东威,刘力. 土壤硒区域环境分异及安全域值的研究[J]. 土壤学报, 1995, 32(2):186 - 193.

[9] FLOOR G H, ROMÁN - ROSS G. Selenium in volcanic environments: A review [J]. Applied Geochemistry, 2012, 27(3): 517 - 531.

[10] 迟凤琴. 土壤环境中的硒和植物对硒的吸收转化[J]. 黑龙江农业科学,2001(6): 33 - 34.

[11] 夏卫平,谭见安. 中国一些岩类中硒的比较研究[J]. 环境科学学报,1990,10(2): 125 - 131.

[12] 郑宝山,洪业汤,赵伟,等. 鄂西的富硒碳质硅质岩与地方性硒中毒[J]. 科学通报, 1992(11): 1027 - 1029.

[13] LISK D J. Trace metals in soils, plants, and animals[J]. Advances in Agronomy, 1972, 24:267 - 325.

[14] 刘铮. 中国土壤微量元素[M]. 南京:江苏科学技术出版社,1996.

[15] BROADLEY M R, WHITE P J, BRYSON R J,et al. Biofortification of UK food crops with selenium[J]. Proceedings of the Nutrition Society, 2006, 65: 169 - 181.

[16] PÉREZ – SIRVENT C, MARTÍNEZ – SÁNCHEZ M J, CARCÍA – LORENZO M L, et al. Selenium content in soils from Murcia Region (SE, Spain) [J]. Journal of Geochemical Exploration, 2010, 107:100 – 109.

[17] SHAND C A, ERIKSSON J, DAHLIN A S, et al. Selenium concentrations in national inventory soils from Scotland and Sweden and their relationship with geochemical factors [J]. Journal of Geochemical Exploration ,2012,121: 4 – 14.

[18] HIDEKAZU Y, AYUMI K, MAMI U, et al. Total selenium content of agricultural soils in Japan[J]. Soil Science and Plant Nutrition, 2009,55(5): 616 – 622.

[19] 王云,魏复盛. 土壤环境元素化学[M]. 北京:中国环境科学出版社. 1995.

[20] 陈俊坚,张会化,余炜敏,等. 广东省土壤硒空间分布及潜在环境风险分析[J]. 生态环境学报, 2012, 21(6): 1115 – 1120.

[21] 徐春青,傅有丰,徐忠宝,等. 黑龙江省土壤、饲料中硒的含量及其分布[J]. 东北农学院学报, 1986, 17(4): 399 – 406.

[22] 夏学齐,杨忠芳,薛圆,等. 黑龙江省松嫩平原南部土壤硒元素循环特征[J]. 现代地质, 2012, 26(5): 850 – 864.

[23] 齐艳萍,杨焕民,武瑞,等. 大庆龙凤湿地土壤硒的结合态与分布特征[J]. 地球与环境, 2012, 40(4): 536 – 540.

[24] 陈雪龙,王晓龙,齐艳萍. 大庆龙凤湿地土壤理化性质与硒元素分布关系研究[J]. 水土保持研究, 2012, 19(4): 159 – 162.

[25] 宋崎. 土壤和植物中的硒:土壤地球化学的进展与应用[M]. 北京:科学出版社,1983.

[26] CUTTER G A. Determination of selenium speciation in biogenic particle sand and sediments[J]. Analylical Chemistry, 1985, 57(14): 2951 – 2955.

[27] 王子健,孙喜平,孙芳. 土壤样品中硒的结合形态分析[J]. 中国环境科学,1988, 8(6): 51 – 54.

[28] CHAO T T, SANZOLONE R F. Fractionation of soil selenium by sequential partial dissolution[J]. Soil Science Society of America Journal, 1989, 53(2): 385 – 392.

[29] 侯少范,李德珠,王丽珍,等. 我国土壤中结合态硒的含量和分布规律[J]. 地理研究,1990, 9 (4) : 17 – 25.

[30] 侯军宁,李继云. 土壤硒的形态及有效硒的提取[J]. 土壤学报. 1990, 27(4): 405 – 410.

[31] GUSTAFSSON J P, JOHNSON L. Selenium retention in the organic of Swedish forest soils[J]. Soil Science Journal, 1992,43(3): 461 – 472.

[32] 兰叶青,毛景东,计维农. 土壤中硒的形态[J]. 环境科学,1994,15(4): 56 – 58.

[33] ZAWISLANSKI P T, ZAVARIN M. Nature and rates of selenium transformations: A

laboratory study of Kesterson reservoir soils [J]. Soil Science Society of America Journal, 1996,60(3): 791 - 800.

[34] 王松山. 土壤中硒形态和价态及生物有效性研究[D]. 陕西杨凌:西北农林科技大学,2012.

[35] MARTENS D A, SUAREZ D L. Selenium speciation of soil/sediment determined with sequential extractions and hydride generation atomic absorption spectrophotometery [J]. Environmental science and technology, 1997,31(1): 133 - 139.

[36] 瞿建国,徐伯兴,龚书椿. 连续浸提技术测定土壤和沉积物中硒的形态[J]. 环境化学, 1997, 16(3): 277 - 283.

[37] 张忠,周丽沂,张勤. 地球化学样品中硒的循序提取技术[J]. 岩矿测试,1997, 16(4): 255 - 261.

[38] 葛晓立,张光弟,张绮玲,等. 张家口地区土壤硒形态分布及其植物有效性初步研究[J]. 地质地球化学, 1998, 26 (2): 9 - 15.

[39] 魏显有,刘云惠,王秀敏,等. 土壤中硒的形态分布及有效态研究[J]. 河北农业大学学报, 1999, 22 (1): 20 - 23.

[40] 吴少尉,池泉,陈文武,等. 土壤中硒的形态连续浸提方法的研究[J]. 土壤,2004, 36 (1): 92 - 95.

[41] 朱建明,秦海波,李璐,等. 高硒环境样品中硒的形态分析方法[J]. 矿物岩石地球化学通报. 2007, 26(3): 209 - 213.

[42] WEN H J, CARIGNAN J, QIU Y H, et al. Selenium speciation in kerogen from two Chinese selenium deposits: environmental implications[J]. Environmental Science and technology, 2006,40(4): 1126 - 1132.

[43] MITCHELL K, COUTUER R M, JOHNSON T M, et al. Selenium sorption and isotope fractionation: Iron(III) oxides versus iron(II) sulfides[J]. Chemical Geology, 2013, 342: 21 - 28.

[44] 郑达贤,李日邦,谭见安. 土壤 - 植物系统硒传输的研究:Ⅱ. 土壤固 - 液相硒的平衡及植物的摄取[J]. 地理科学,1986, 6(1):22 - 23.

[45] 廖自基. 微量元素的环境化学及生物效应[M]. 北京:中国环境科学出版社,1992.

[46] 彭显龙,刘元英,罗盛国. 铁胁迫下硒对水稻养分吸收的影响[J]. 东北农业大学学报, 2011,42(8): 92 - 95.

[47] 刘元英,于颖,罗盛国,等. 连作胁迫下硒对大豆叶片 CoQ 含量和线粒体、叶绿体超微结构的影响[C]. 中国地壤学会第十次全国会员代表大会暨第五届海峡两岸土壤肥料学术交流研讨会文集(面向农业与环境的土壤科学专题篇). 沈阳:出版者不详,2004.

[48] 张学林. 硒的世界地理分布[J]. 国外医学:医学地理分册,1992,13(1): 1 - 4.

[49] 吴文良,张征,卢勇,等. 江西省丰城市“中国生态硒谷”创意产业的发展战略[J]. 农产品加工(创新版), 2010(3): 72 - 75.

[50] 方勇. 外源硒在水稻籽中的生物强化和化学形态研究[D]. 南京:南京农业大学,2010.

[51] 魏丹,杨谦,迟凤琴,等. 叶面喷施硒肥对水稻含硒量及产量的影响[J]. 土壤肥料, 2005(1):39 - 42.

[52] 迟凤琴,匡恩俊,张久明,等. Se 肥施用方式和施用时期对水稻含 Se 量及产量的影响[J]. 农业资源与环境学报, 2014,31(6): 560 - 564.

[53] 迟凤琴,张久明,高中超,等. 硫、硒对紫花苜蓿产量的影响 J]. 天津农业科学, 2010, 16(6):39 - 41.

[54] 孙小斐,乔玉辉,孙振钧. 富硒蚯蚓的培养及其硒富集作用研究[J]. 农业资源与环境学报,2014,31(6):570 - 574.

[55] 刘向辉,戈峰,徐张红,等. 亚硒酸钠对蚯蚓的毒性及蚓体富硒作用的研究[J]. 应用与环境生物学报, 2001, 7(5): 457 - 460.

[56] 院金谒,石书兵,戴俊生,等. 土壤施硒对大蒜硒吸收量及产量和品质的影响[J]. 干旱地区农业研究, 2010, 28(5): 71 - 74.

[57] 谢斌,吴文良,郭岩彬,等. 作物富硒研究进展[J]. 江苏农业科学,2014, 42(1): 15 - 18.

[58] 方勇,凌卫东,胡秋辉. 有机富硒稻米生产技术研究[J]. 食品科学,2007, 28(7): 583 - 587.

[59] 方勇,罗佩竹,胡勇,等. 大蒜的生物富硒作用及其硒的形态分析[J]. 食品科学, 2012, 33(17): 1 - 5.

[60] 郭莹莹,汪桐,徐峥辉,等. 富硒灵芝的研究进展[J]. 园艺与种苗,2012(9): 55 - 58,61.

[61] 赵镭. 灵芝生物富硒及富硒灵芝硒蛋白的分离纯化和抗氧化性研究[D]. 北京:中国农业大学, 2004.

[62] 凌宏通,宋斌林,群英,等. 富硒食用菌的研究进展[J]. 微生物学杂志,2008, 28(4): 78 - 85.

[63] 彭耀湘,陈正法. 硒的生理功能及富硒水果的开发利用[J]. 农业现代化研究, 2007, 28(3):381 - 384

[64] 温立香,郭雅玲. 富硒茶的研究进展[J]. 热带作物学报,2013,34 (1):201 - 206.

[65] 欧阳培,童斌. 富硒蚯蚓含硒蛋白研究[J]. 厦门大学学报(自然科学版),1993, 32(6): 795 - 798.

[66] TAN J A, ZHU W Y, WANG W Y, et al. Selenium in environment and Kaschin - Beck disease[J]. Chinese Journal of Geochemistry, 1988, 3(7): 273 - 280.

[67] JR COMBS G F COMBS S B. et al. The role of selenium in nutrition [M]. New York: Academic Press, In c. , 1986.

[68] 陈铭,刘更另. 高等植物的硒营养及在食物链中的作用(二)[J]. 土壤通报,1996, 27(4): 185 - 188.

[69] ORSOLYA E M, LAURENT O, JÚLIA G, et al. Analogy in selenium enrichment and selenium speciation between selenized yeast Saccharomyces cerevisiae and Hericium erinaceus (lion's mane mushroom)[J]. LWT - Food Science and Technology, 2016, 68: 306 - 312.

[70] HUANG Y, WANG Q X, GAO J, et al. Daily dietary selenium intake in a high selenium area of Enshi, China[J]. Nutrients, 2013, 5(3):700 - 710.

[71] 杨光圻,王亚光,殷泰安,等. 我国克山病的分布和硒营养状态的关系[J]. 营养学报, 1982,4(3): 191 - 200.

[72] 朱建明,凌宏文,王明仕,等. 湖北渔塘坝高硒环境中硒的分布、迁移和生物可利用性[J]. 土壤学报 2005, 42(5): 835 - 843.

[73] 徐光禄. 硒预防克山病和低硒与克山病关系的研究进展[J]. 地方病通报,1996, 11(2): 1 - 6.

[74] 龚子同,黄标. 土壤中硒、氟、碘元素的空间分异与人体健康[J]. 土壤学进展, 1994, 22(4): 1 - 8.

[75] MARGARET P R. Selenium and human health[J]. The Lancet, 2012,379(9822): 1256 - 1268.

[76] RACHEL H, RUAN M E, ANDREW J, et al. Se - methylselenocysteine alters collagen gene and protein expression in human prostate cells[J]. Cancer Letters,2008(269): 117 - 126.

[77] 莫桂康,韦袭芹. 巴马县富硒红香粳稻高效栽培技术[J]. 现代农业科技,2014(15): 55 - 57.

[78] ANTANAITIS A, LUBYTE J,ANTANAITIS S,et al. , Selenium concentration dependence on soil properties[J]. Journal of Food Agriculture and Environment, 2008, 1(6): 163 - 167.

[79] 王美珠,章明奎. 我国部分高硒低硒土壤的成因初探[J]. 浙江农业大学学报, 1996,22(1): 89 - 93.

[80] 正明远,章申. 我国大骨节病病区的化学地理特征[J]. 地理学报,1981,36(2): 180 - 186.

[81] 高宗军,崔浩浩,庞绪贵,等. 山东省泰莱盆地及章丘市土壤中硒的成因[J]. 安徽农业科学, 2011,39(31): 19133 - 19135.

[82] GERLA P J, SHARIF M U, KOROM S F. Geochemical processes controlling the spatial

distribution of seleniu in soil and water, west central South Dakota, USA[J]. Environmental Earth Sciences, 2011. 62(7): 1551 - 1560.

[83] 徐文,唐文浩,邝春兰,等.海南省土壤中硒含量及影响因素分析[J].安徽农业科学, 2010, 38(6):3026 - 3027.

[84] KAUSCH M F, PALLUD C E. Modeling the impact of soil aggregate size on selenium immobilization[J]. Biogeosciences, 2013, 10(3): 1323 - 1336.

[85] 罗杰,王佳媛,游远航,等.硒在土壤一水稻系统中的迁移转化规律[J].西南师范大学学报(自然科学版), 2012,37(3): 60 - 66.

[86] 环境保护部.土壤和沉积物汞、砷、硒、铋、锑的测定微波消解/原子荧光法:HJ 680 - 2013[S].北京:中国环境科学出版社,2013

[87] 中华人民共和国国家质量监督检疫总局,中华人民共和国标准化委员会.原子荧光光谱仪:GB/T 21191 - 2007[S].北京:中国标准出版社,2008.

[88] 南京地质矿产所.中国地质调查局地质调查技术标准:DD2005 - 01[S].北京:中国地质调查局,2005.

[89] 谭见安.环境生命元素与克山病:生态化学地理研究[M].北京:中国医药科技出版社,1996.

[90] 程伯容,鞠山见,岳淑嫆,等.我国东北地区土壤中的硒[J].土壤学报,1980,17(1): 55 - 61.

[91] ZHANG B J, YANG L S, WANG W Y, et al. Environmental selenium in the Kaschin - Beck disease area, Tibetan Plateau, China[J]. Environmental Geochemistry Health 2011, 33:495 - 501.

[92] QIN H B, ZHU J M, LIANG L,et al. The bioavailability of selenium and risk assessment for human selenium poisoning in high - Se areas, China [J]. Environment International,2013,52:66 - 74.

[93] 章海波,骆永明,吴龙华,等.香港土壤研究 II.土壤硒的含量、分布及其影响因素[J].土壤学报, 2005,42(3): 404 - 410.

[94] LISK D J. Trace metals in soils, plants and animals[J]. Advances in Agronomy, 1972, 24: 267 - 325.

[95] 侯少范,李德珠,王丽珍,等.暖温带地理景观中土壤硒的分异特征[J].地理学报, 1992, 47(1):31 - 39.

[96] CARTER D L, BROWN M J,ROBBINS C W. Selenium concentrations in alfalfa from several sources applied to a low selenium ,Alkaline soil[J]. Soil Science Society of America Jouranl, 1969,33: 715 - 718.

[97] 李永华,王五一,杨林生,等.陕南土壤中水溶态硒、氟的含量及其在生态环境的表征[J].环境化学, 2005,24(3): 279 - 283.

[98] GOH K H, LIM T T. Geochemistry of inorganic arsenic and selenium in a stropical soil: effect of reaction time, pH, and competitive anions on arsenic and selenium adsorption[J]. Chemosphere, 2004,55(6): 849 -859.

[99] ELRASHIDI M A, ADRIANO D C, WORKMAN S M, et al. Chemical equilibria of selenium in soils: a theoretical development[J]. Soil Science, 1987, 144(2): 141 -152.

[100] 王松山,梁东丽,魏威,等.基于路径分析的土壤性质与硒形态的关系[J].土壤学报, 2011, 48(4): 823 -830.

[101] WANG J, LI H, LI Y, et al., Speciation, distribution, and bioavailability of soil selenium in the Tibetan PlateauKashin - Beck disease area - a case study in Songpan County, Sichuan Province, China[J]. Biological Trace Element Research, 2013,156(1 -3): 367 -375.

[102] GERLA P J, SHARIF M U, KOROM S F. Geochemical processes controlling the spatial distribution of selenium in soil and water, west central South Dakota, USA[J]. Environmental Earth Sciences, 2011,62(7):1551 -1560.

[103] SHANG C A, ERIKSSON J, DAHLIN A S, et al. Selenium concentrations in national inventory soils from Scotland and Sweden and their relationship with geochemical factors[J]. Journal of Geochemical Exploration,2012,121:4 -14.

[104] WANG M C, CHEN H M. Forms and distribution of selenium at different depths and among particle size fractions of three Taiwan soils[J]. Chemosphere, 2003, 52(3): 585 -593.

[105] WANG S S, LIANG D L, WANG D, et al. Selenium fractionation and speciation in agriculture soils and accumulation in corn (Zea mays L.) under field conditions in Shaanxi Province, China[J]. Science of the Total Environment, 2012: 427 -428, 159 -164.

[106] MITCHELL K, COUTURE R M, JOHNSON T M, et al. Selenium sorption and isotope fractionation: Iron (Ⅲ) oxides versus iron (Ⅱ) sulfides[J]. Chemical Geology, 2013, 342: 21 -28.

[107] LI Y H, WANG W Y, LUO K L, et al. Environmental behaviors of selenium in soil of typical selenosis area, China[J]. Journal of Environmental Sciences, 2008, 20: 859 -864.

[108] 莫海珍.高有机硒保存率蔬菜富集和加工机理研究[D].无锡:江南大学,2007.

[109] 杨玉玲,刘元英.富硒大豆中硒的分布研究[J].大豆科学,2014, 33(4): 610 -612.

[110] 于广武,何长兴,陶国臣,等.可溶性叶面肥及其发展趋势:黄萎叶喷剂的研究新

进展[J]. 腐植酸, 2006 (3):9 - 14.

[111] 罗盛国,徐宁彤,刘元英. 叶面喷硒提高粮食中的硒含量[J]. 东北农业大学学报, 1999, 30(1):18 - 22.

[112] 蒋明义,郭少川. 水分亏缺诱导的氧化胁迫和植物的抗氧化作用[J]. 植物生理学通讯, 1996, 32(2):144 - 150.

[113] 李小林,王永锐. 水稻免耕栽培生理基础: Ⅱ 免耕水稻的光合特性[J]. 中山大学学报论丛,1989, 8(5): 152 - 158.

[114] 岳寿松,于振文,余松烈. 小麦旗叶与根系衰老的研究[J]. 作物学报,1996,22(1): 55 - 58.

[115] 张金龙,周有佳,胡敏,等. 低温胁迫对玉米幼苗抗冷性的影响初探[J]. 东北农业大学学报, 2004, 35(2): 129 - 134.

[116] TANAKA K, SUDA Y, KONDO N, et al. O_3 tolerance and the ascorbate - dependent H_2O_2 decomposing system in chloroplasts [J]. Plant Cell Physiol, 1985 (26): 1425 - 1431.

[117] GILLHAM D J, DODGE A D. Hydrogen - peroxide - scavenging systems within pea chloroplasts:a quantitative study[J]. Plant, 1986 (167):246 - 251.

[118] 叶协锋,刘国顺,郭战伟. 不同钾肥施用量对烤烟生长过程中几种酶活性的影响[J]. 华北农学报, 2004, 19(3):88 - 91.

[119] 王晓慧,徐克章. 三种进化类型大豆叶片某些酶活性的比较研究[J]. 植物生理学通讯, 2006, 4(2):66 - 69.

[120] WAGNER G J. Accumulation of cadmium in crop plants and its consequences to human health [J]. Advances in Agronomy,1993,51: 173 - 212.

[121] 陈铭,刘更另. 高等植物的硒营养及在食物链中的作用(二)[J]. 土壤通报, 1996, 27(4):185 - 188.

[122] 王海红. 叶面喷硒对冬小麦氧化衰老、籽粒硒含量及产量影响的研究[D]. 郑州:河南农业大学, 2007.

[123] 赵斌. 硒对大豆生理生化与产质量影响的研究[D]. 呼和浩特:内蒙古农业大学,2006.

[124] 黄进. 硒对茶树抗氧化系统的影响及其在品种间富集特性研究[D]. 武汉:华中农业大学, 2014.

[125] 夏永香,刘世琦,李贺,等. 硒对大蒜生理特性、含硒量及品质的影响[J]. 植物营养与肥料学报, 2012, 18(3): 733 - 741.

[126] CAKMAK, MARSCHNER H. Magnesium deficiency and high light intensity enhance activities of superoxide dismutase , aseorbate peroxidase and glutathione reduetase in bean leaves 1[J]. Plant Physiology , 1992, 98: 1222 - 1227.

[127] 杨莉,郑家奎,蒋开峰,等. 微量元素硒对水稻影响的研究进展[J]. 现代农业科学,2010 (8): 11 - 12.

[128] 方勇,陈曦,陈悦,等. 外源硒对水稻籽粒营养品质和重金属含量的影响[J]. 江苏农业学报, 2013, 29(4): 760 - 765.

[129] 胡莹,黄益宗,黄艳超,等. 硒对水稻吸收积累和转运的锰、铁、磷和硒的影响[J]. 环境科学, 2013, 34(10): 4119 - 4123.

[130] 刘春梅,罗盛国,刘元英. 硒对镉胁迫下寒地水稻镉含量与分配的影响[J]. 植物营养与肥料学报, 2015, 21(1): 190 - 199.

[131] 周鑫斌,于淑华,王文华,等. 土壤施硒对水稻根表铁膜形成和汞吸收的影响[J]. 西南大学学报, 2014, 36(1): 91 - 95.

[132] 于淑慧,周鑫斌,王文华,等. 硒对水稻幼苗吸收镉的影响[J]. 西南大学学报(自然科学版),2013, 35(9): 17 - 21.

[133] 郑淑华,赵秋香,李榕. 叶面喷施有机硒对大豆不同器官吸收 Cd、Pb 的影响[J]. 广州化工,2014, 42(12): 150 - 152.

[134] 李瑞平,李光德,袁宇飞,等. 硒对汞胁迫小麦幼苗生理特性的影响[J]. 生态环境学报,2011,20(5): 975 - 979.